精緻創意小菜137品

蕎麥麵店的創新配菜

瑞昇文化

蕎麥麵店的創新配菜
精緻創意小菜137品

c o n t e n t s

前言

現在，蕎麥麵店的小菜正不斷進化中。

還出現使用鵝肝、馬肉等

新食材的蕎麥麵店。

挑戰研發新風味，

提升蕎麥麵店的小菜魅力，

吸引饕客的店家正不斷增加中。

本書將介紹人氣蕎麥麵店的137道「創新小菜」的食譜，

包括經典小菜變化而來的獨創口味，

花工夫費心創作的新美味，

以及前所未見的新發想產生的嶄新料理等。

每家店活用蕎麥麵店風味所創作的料理，

在蕎麥麵店享受小酌的餐具容器，

以及擺盤等手法都備受矚目。

・關於本書的內容

● 本書中介紹的店家資訊、菜單內容和價格等，均為2016年1月當時的情況。

● 菜單中也包含季節菜單等，不只有平時提供的固定菜色。

● 材料分量中的「1盤份」，不一定是1人份。此外，標示「適量」、「少量」的部分，請視料理狀況斟酌用量。

● 烹調時間和加熱溫度等，是根據各店使用的機器而定。

東京・大島

手打蕎麥 銀杏

使用當令食材的獨門料理
吸引遠道而來的慕名饕客

銀杏位於東京下町的住宅區，是受到專程造訪的饕客支持的人氣店。它原是市區的蕎麥麵店，2004年時經過重新改裝。店主考慮到當地情況，用心提供讓人想專程前來品嚐的特色蕎麥麵和小菜，透過口耳相傳，成功地獲得顧客的青睞。店主田中榮作先生負責蕎麥麵，夫人政江女士負責料理和挑選酒類，夫妻倆共同打理店家。他們設計菜單時不從成本、勞力與時間等角度來考量，而是講究研發其他店吃不到的獨家口味，不斷探尋、購買最好的食材，費心以最能突顯食材美味的烹調法，將蕎麥麵和料理商品化。此外，為了讓顧客四季都能來訪，他們還積極納入當令食材，以提升顧客的來店意願。也用心準備日本酒，引進具有季節特色的產品。最近他們希望能讓顧客享受酒香，以葡萄酒杯盛裝提供。

地址	東京都江東区大島2-15-3
TEL	03-3681-9962
營業時間	11時30分～14時30分、
	18時～21時30分
定休日	週一・週二

店主　田中榮作先生　政江女士

店家委託也是店內顧客的插畫家，製作附插畫的菜單本。讓顧客點餐時也賞心悅目。

除了基本的日本酒外，冷卸酒（Hiyaoroshi）等季節酒品也很豐富。另外其他店喝不到的珍稀酒品也一應俱全。為引起顧客的興趣，酒品都經老闆娘政江女士仔細確認，在附插圖的菜單表中有風味特色的介紹。

該店提供富季節特色的獨創蕎麥麵，成為各季節的知名料理，吸引許多饕客慕名前來。圖中是夏季推出的「紅之滴（番茄蕎麥麵）」1500日圓（未稅）。菜料和「紅之滴（醃番茄）」共通，還有避免食材浪費的功用。

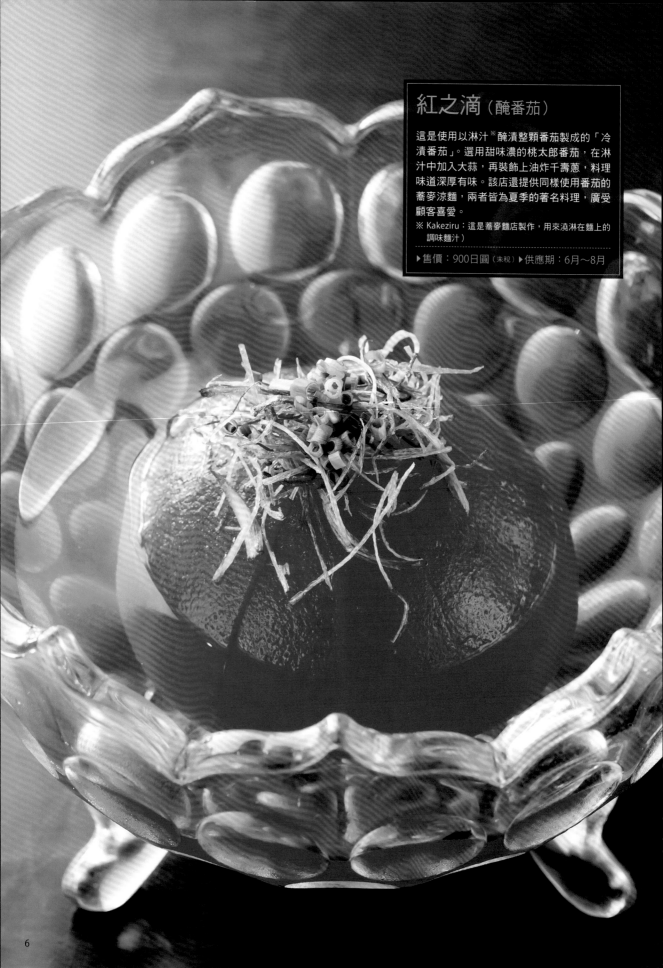

紅之滴（醃番茄）

這是使用以淋汁※醃漬整顆番茄製成的「冷漬番茄」。選用甜味濃的桃太郎番茄，在淋汁中加入大蒜，再裝飾上油炸千壽蔥，料理味道深厚有味。該店還提供同樣使用番茄的蕎麥涼麵，兩者皆為夏季的著名料理，廣受顧客喜愛。

※ Kakeziru：這是蕎麥麵店製作，用來澆淋在麵上的調味麵汁）

▶售價：900日圓（未稅）▶供應期：6月～8月

馬鈴薯沙拉

在家常菜中也是深受歡迎的馬鈴薯沙拉上，放上蕎麥麵店風格的油炸蕎麥種子，來增加口感和香味。沙拉中直接使用生的小黃瓜和胡蘿蔔，再利用馬鈴薯、培根的餘溫加熱，使其具有適當的口感。考慮到雞蛋可能引起過敏，沙拉中不加蛋，而是利用鮮奶油和鮮奶來增加濃厚風味。

▶售價：650日圓（未稅）　▶供應期：全年

銀杏家常豆腐

豆腐上放上柴魚、油炸碎渣和蘘荷等大
量佐料，再淋上濃郁的高湯，就完成這
道高人氣小菜。它是以老闆娘的家常菜
改良而成，能夠迅速供應也受到顧客好
評。從豆腐店購入味道香濃的豆腐，從
京都訂購豆腐皮用的高湯，再加上自製
的油炸碎渣，使這道料理更富魅力。

▶售價：500日圓（未稅）　▶供應期：全年

夏季蔬菜凍

這道是用吉利丁凝固成凍狀的和風高湯，和茄子、秋葵和蘘荷調拌成的沙拉風味小菜。料理的研發靈感來自炸醃茄。茄子先經油炸，味道較易滲入，也能提升鮮味與飽滿度。和風高湯中還加入生薑，散發適合夏季享用的暢快風味。

▶售價：900日圓（未稅） ▶供應期：6月〜8月

加茂茄田樂燒

白味噌中加入芝麻醬和淋汁，使茄子田樂煮不但味道濃郁，同時呈現適合夏季的涼爽色彩。使用肉質豐潤多汁，味道清淡的加茂茄製作。僅取用茄子中央隆起富濃厚鮮味的部分，橫切成厚圓片，以突顯存在感。

▶售價：800日圓（未稅）　▶供應期：6月～8月

海鱔魚凍

這道是用店家費工採購的海鱔魚料理的招牌菜色。雖然事前準備很費時，但是前置作業完成，就能迅速上菜。為避免海鱔有腥味，事先需仔細處理，海鱔用以薄味醬油為底、加入薑絲的煮汁燉煮後，加入吉利丁冷藏使其凝固。加上季節蔬菜裝飾就能上菜。

▶售價：1250日圓（未稅）　▶供應期：全年

酒蒸蛤仔冷盤

這道是專為夏季所研發，以冰涼狀態提供的酒蒸蛤仔。如浸泡蛤仔般用大量的日本酒和淋汁酒蒸，蒸好後勿讓空氣直接接觸貝類，連同蒸汁一起冷藏保存。提供時，還能讓顧客享受溶入蛤仔鮮味的大量蒸汁。

▶售價：1250日圓（未稅）　▶供應期：6月～8月

合鴨治部煮

合鴨肉切薄片後拍上薄薄的片栗粉,以沾汁
(Moriziru)略煮一下即可提供。片栗粉形
成適度的濃稠度,也很適合寒冬享用。收到
點單後合鴨肉才切片略煮,這樣不僅肉質柔
軟,還能避免浪費食材。料理還加上味道濃
厚的湯汁及最對味的馬鈴薯泥。

▶售價:1250日圓（未稅）　▶供應期:秋・冬

烤雞

這道是組合對味的雞肉和蔥,簡單的熱炒料理。蔥是使用味甜,容易熟的千壽蔥。先用大量麻油煎烤雞肉兩面,再加入千壽蔥拌炒。千壽蔥吸收了已融合雞肉鮮味的麻油,更添美味。

▶售價:1200日圓(未稅)　▶供應期:全年

牡蠣排

這道是許多老主顧必點的人氣商品。大
顆牡蠣沾裹麵粉後,用平底鍋煎至酥
脆,加鹽、胡椒和綜合香草簡單調味。
牡蠣還組合極對味的蔥,味道甜的「白
美人蔥」經過加熱,而嚼感佳的細蔥則
直接使用生的。

▶售價:1600日圓(未稅)
▶供應期:10月初～2月底

牡蠣天婦羅

該店精選即使加熱，貝肉縮幅也很小的牡蠣，主要是使用岩手縣廣田灣產的牡蠣。它是原價率45%的優惠商品。比起其他食材，牡蠣出水後更容易濕軟，所以用175℃的油花時間慢慢油炸，撈起時上下振動確實瀝除油分。

▶售價：1600日圓（未稅）
▶供應期：10月初～2月底

炸什錦天婦羅

這道料理外觀類似炸什錦，不過卻是高高堆疊盛盤，只有一口大小的獨特炸什錦。店家考慮到方便女性食用，因此採取這種方式提供。餡料簡單採用釜揚櫻花蝦和鴨兒芹莖，薄沾上麵衣油炸，所以完成後口感酥脆輕盈。

▶售價：1100日圓（未稅）　▶供應期：全年

季節蔬菜天婦羅

該店積極使用季節食材，組合15種以上的蔬菜類完成這道天婦羅拼盤。採訪時是秋季蔬菜的一例，使用了山藥零餘子、大鴻禧菇和安納芋等。蔬菜薄沾上濃稠的天婦羅麵衣後炸至酥脆，從麵衣還能透見食材的顏色，料理外觀也很漂亮吸睛。撒上藻鹽後提供。

▶售價：1400日圓（未稅）　▶供應期：全年

手繰屋（Taguriya）玄治

活用日本料理經驗
富創意的料理深獲好評

玄治是具有30多年餐飲店資歷，也有日本料理經驗的店主愛甲撤郎先生，所開設的自製粉的手工蕎麥麵店。該店呈現季節感的蕎麥麵及小菜深得顧客好評，從在地客到遠道而來的美食客等，吸引廣大的客群。小菜類的研發基準是成本率20％、出菜時間為5分鐘。該店一面採用季節食材，一面推出各季節的新菜單，讓常客百吃不厭。近來有許多喜好蔬菜料理的顧客，該店以蔬菜為主的涼拌菜等也很豐富。該店除了運用作為底味的基本醬汁（Kaeshi）和高湯，來表現蕎麥麵店的特有風味，同時還採用馬肉、鱷魚肉等新穎食材，深獲粉絲客的支持。此外，高人氣的天婦羅，成本價的低價設定也是吸引顧源的主因。夜晚幾乎都是酒客光臨，尤其日本酒最受歡迎。店家對於不需費工夫的日本酒也不計利潤，設定成本率40％的價格，成為吸引顧客的另一項商品。

該店提供使用季節當令時材的蕎麥麵和烏龍麵的菜單，深獲好評。圖中是冬季供應，使用大顆冬蜆烹調的「蜆蕎麥麵」1000日圓（未稅）。是許多人酒後用來填飽肚子的人氣商品。

小菜料理豐富多樣，以色彩繽紛的POP宣傳。玄治注重能快速出菜，設定容易點選的經濟價格，前置準備十分完善。

店主　愛甲撤郎先生

玄治提供基本的10種純米吟釀辣口日本酒。一面聽取多家酒屋的意見，一面掌握大眾共通喜好來準備。備有2～3種基本酒，以季節酒為主。

地址	東京都東村山市栄町2-38-2 壽ビル1F
TEL	042-398-5833
營業時間	11時～19時30分、週一11時～15時
定休日	週二

烤茄生火腿捲

這道是去皮烤茄以淋汁為底的高湯增加風味，再用生火腿捲包的涼菜。烤茄的味道和芳香的氣味，與生火腿的鹹味呈現完美平衡。為了活用食材的味道，淋汁先用等比例的水稀釋讓味道變淡。因為前置作業能整備完善，所以能夠迅速上菜。

▶售價：600日圓（未稅）　▶供應期：秋

烤洋蔥佐橙味醬油

這是使用一整顆洋蔥製作，外觀也很豪
邁的料理。最近，注重健康的人漸增，
這道也成為人氣菜色。以直火將洋蔥表
面烤至上色、散發香味後，再用微波爐
加熱至裡面熟軟。以橙味醬油調味後，
放上柴魚、海苔等即可上菜。

▶售價：400日圓（未稅）　▶供應期：全年

醋拌什錦菇

使用季節菇類的涼拌菜,再組合白蘿蔔泥和土佐醋,使料理提供時更加清爽。涼拌菜是該店的高人氣招牌料理,使用各季節的當令食材製作,更添誘人魅力。菇類以活用淋汁的高湯略煮後,放涼保存備用,收到點單後能迅速上菜。

▶售價:400日圓(未稅) ▶供應期:秋

炸馬鈴薯

這道贏得人氣的油炸馬鈴薯，是該店的招牌料理，收到點單後才油炸，並附上和馬鈴薯超對味的咖哩鹽來增進魅力。為了保持馬鈴薯的鮮度，馬鈴薯帶泥直接保存，收到點單後才清洗、分切。該店採用口感鬆綿的男爵馬鈴薯，且儘量使用新薯。

▶售價：400日圓（未稅） ▶供應期：全年

章魚南蠻漬

這道現做南蠻漬，店家收到點單後，以減少酸味的南蠻醋調拌炸好的章魚，即可迅速上菜。章魚保留了酥脆的口感，而且吃起來味道非常清爽而深獲好評。蔬菜事先用南蠻醋醃漬備用，章魚以附麵衣的狀態冷凍備用，這樣就能迅速出菜。

▸售價：500日圓（未稅）　▸供應期：全年

岩鹽燒稚雞

店家收到點單後，只要將以油封烹調手法，用低溫豬油油炸的雞腿肉加熱，即可迅速出菜。油封雞完成後，肉質豐潤、雞皮香酥，保存性也大增。為了讓顧客品嚐食材的原味，只用鹽和胡椒簡單調味，並附上柚子胡椒和檸檬。

▶售價：900日圓（未稅）　▶供應期：全年

雞肉叉燒

這道是肉質軟嫩的燜蒸雞肉料理。調味時，採用蕎麥麵用的基本醬汁和中式調味料，烹調出與蕎麥麵、烏龍麵也超對味的蕎麥麵店風格的濃郁風味。因為事先已經備妥叉燒，所以只需切片即可迅速上菜。也能夠活用作為各式麵類的裝飾菜。

▶售價：400日圓（未稅）　▶供應期：全年

鵝肝白蘿蔔排

味道清淡的白蘿蔔和風味濃厚的鵝肝，是非常搭調的組合。使用蕎麥麵店風味的基本醬汁調味，完成後味道較為清爽。白蘿蔔事先煮軟，用淋汁調味後保存。收到點單後，再將白蘿蔔和鵝肝分別煎好盛盤即可。

▶售價：1000日圓（未稅）　▶供應期：冬

蕎麥糕鵝肝

以熟練技巧呈現最佳口感的玄治蕎麥糕，手磨蕎麥粉的香味和膨軟的口感是它吸誘人之處。這道料理還組合煎過的匈牙利產鵝肝，增添濃厚鮮味的附加價值。不使用奶油等油脂，僅用鵝肝和基本醬汁拌炒，鵝肝油和基本醬汁交融，成為風味超群的醬汁。這道菜需預約才提供。

▶售價：1500日圓（未稅）　▶供應期：全年

馬舌排

具有宴客氣氛的烤肉和肉排，雖然很難呈現料理的獨特性，可是若使用有益健康的馬肉，也就是一匹馬僅能取極少量的馬舌，就能成為出人意表的料理。使用的生洋蔥和醬油風味的醬料，和有濃厚鮮味的馬舌非常搭調，成為讓人大滿足的美味。

▶售價：1200日圓（未稅）
▶供應期：1月、2月、11月

河豚天婦羅

這道是活用市售已剔除內臟等，就算沒執照也能處理的河豚乾所製作的天婦羅。冬季著名的高級食材河豚，在該店以實惠的價格就能輕鬆享用，深獲顧客好評。該店以三片切法將小河豚分切好，收到點單後再裹上麵衣油炸。成本率大約30%。

▶售價：700日圓〈未稅〉　▶供應期：12月～2月

北海天婦羅

這道是組合季節當令食材製作的天婦羅拼盤，深受顧客歡迎。圖中是冬季拼盤，其特色是盤中盛滿牡蠣、干貝、柳葉魚等北海的海產，約有10多種。其他的菜料還有狹鱈、大眼牛尾魚和迷你番茄等。

▶售價：900日圓（未稅） ▶供應期：11月～2月

季節料理和手打蕎麥　福花

為了享受日本酒的美味
獨家風味下酒菜和蕎麥麵深富魅力

福花店主野澤浩一郎先生，致力提升在蕎麥麵店享用日本酒的美味度，並潛心研發適合日本酒的下酒小菜。他曾經在法式餐廳、居酒屋等各類型餐廳累積經驗，因此福花也推出法式小酒館風格的小菜，例如熱醬汁（Bagna Càuda）、肉凍、肉醬等，不過畢竟還是要保有蕎麥麵店的本質，所以店主利用蕎麥麵的高湯和基本醬汁，組合出適合搭配日本酒的料理風味。為了堅守基本風格，以店主喜愛的岩手・釜石的在地酒「濱千鳥」為主，推出的料理都和日本酒十分對味。因為烹調作業幾乎全由店主一手包辦，為了能迅速出菜，事先準備多費心思。酒後填飽肚子的蕎麥麵也有許多新口味，像是搭配濃郁的蜆仔高湯的味噌風味蕎麥麵，以及能吃到腰身濃郁風味的蕎麥沾麵等，蕎麥麵店不只有年長客進來喝一杯，還吸引許多單獨前來的女顧客。蕎麥麵與日本酒、蕎麥麵與起司等，福花也會定期舉辦擴展蕎麥麵魅力的活動，廣受大眾好評。

地址	東京都昭島市玉川町1-3-1-117
TEL	042-546-2917
營業時間	17時～23時（L.O.22時30分）
定休日	週三・第1個週四

該店使用酒蒸大蜆的蒸汁製作「味噌基本醬汁」，圖中是以此醬汁製作沾汁的「硯湯蕎麥麵」1100日圓（未稅）。也很適合作為酒後填飽肚子的主食。滴上太白麻油，就成為味道濃郁的湯品。

店主　野澤浩一郎先生

震災後，店主為支援岩手・釜石的「濱千鳥」酒品公司，該店備有純米、山廢純米和純米吟釀這3種酒。有時也推出栃木的「澤姬」、愛知的「蓬萊泉」等日本酒。

酒蒸蔬菜佐和風熱醬汁

這道料理能吃到各式豐富蔬菜，特別受女性客人們的好評。約使用10種左右的菜料，以紫紅薯、紅色白蘿蔔、橙色白花菜等色彩鮮麗的蔬菜為主體。難熟的根菜類以微波爐加熱，最後加熱時才加入葉菜類。蔬菜只用酒蒸以免味道變淡，建議搭配加入高湯製作的熱醬汁。

▶售價：750日圓（含稅）　　▶供應期：冬

酪梨干貝美乃滋醬油燒

口感濃稠、綿軟的酪梨如醬汁般裹住干貝，揉合出濃郁的味道。適度烘烤的麵包粉的酥脆口感，更加突顯這道創作料理乳脂般的香濃美味。自製美乃滋是美味的關鍵，美乃滋中還加入薄味醬油和味噌，使料理呈現出日式風味。

▶售價：650日圓（含稅）　▶供應期：夏

基本醬汁醃鴨肉

這是活用南蠻鴨肉蕎麥麵用的鴨肉製成的下酒小菜。在味濃的鴨腿肉上撒上鹽，胡椒，再用明火烤箱約烤至五分熟後切片。以此狀態冷藏保存備用，收到點單後立即可盛盤，抹上基本醬汁後就能出菜。因鴨肉本身存在感十足，即使簡單調味，也能讓顧客感到很滿意。

▶售價：650日圓（含稅）　▶供應期：全年

高湯佐歐姆蛋

柔嫩的歐姆蛋，淋上大量昆布柴魚高湯風
味的八方芡汁後就能出菜。滑潤的芡汁，
吃起來口感極佳，讓人吃了還想再吃，深
得顧客好評。使用「Ihatovo的元氣蛋」製
作。高湯裡或料理中都儘量少用調味料，
以利讓顧客充分品嚐蛋的美味。

▸售價：580日圓（含稅）　▸供應期：全年

酒糟起司

這道是「蕎麥味噌」般的嚐味噌※感覺的下酒菜。使用香味芳醇的「濱千鳥」大吟釀的酒糟，混拌奶油起司，作法雖然很簡單，不過混入杏仁和腰果的顆粒口感，讓人一吃上癮，建議拿來下酒。事前準備時，已將起司分成1盤份的小份保存備用，所以能迅速出菜。

※嚐味噌：不當作調味料，而當作配菜的味噌

▶售價：450日圓（含稅）　▶供應期：全年

日向雞肝醬

在雞肝獨特的風味中加入充分的甜味，使料理呈現滑順、濃厚的味道。雞肝仔細剔除油脂和血管後，用加了醋的熱水汆燙，適度地去除腥味。使用日式高湯，添加與雞肝風味搭調的維士忌，再加入大量奶油，使肝醬味道圓潤順口。是一道能讓許多清爽系蕎麥麵店菜單增加變化的料理。

▶售價：600日圓（含稅）　▶供應期：全年

39

卡帕尼蕎麥肉凍

這是以備受矚目的卡帕尼蕎麥肉凍改良成的「蕎麥麵店版的卡帕尼蕎麥肉凍」。蕎麥粉採用信州產的全層蕎麥粉。為了活用蕎麥粉的香味，蕎麥糕和淋汁一起攪拌，避免過度加熱。使用塊狀豬腹肉，用鹽和黑胡椒揉搓後，靜置醃漬一晚。不過為了保留蕎麥的風味，使用最少量的黑胡椒。採隔水方式慢慢加熱，再放涼即完成。靜置讓肉鬆弛後味道更美味。

▶套餐中的小菜　▶供應期：不定期

福花風味蕎麥糕

這是能直接享受蕎麥香味，深受顧客歡迎的蕎麥糕，店家建議搭配熱騰騰的八方芡汁享用。口感黏韌的蕎麥糕，裹上芡汁後更易食用，作為下酒菜也物超所值。其他的菜色中也用到八方芡汁，所以都事前備妥。還以海苔絲、蔥花和青芥末等佐料增加香味。

▶售價：950日圓（含稅）　　▶供應期：全年

可樂餅也能活用剩餘的蕎麥麵製作，可冷凍保存。豐腴多肉的「蕎麥麵可樂餅」（左）佐醬油，味道圓潤的「蕎麥麵奶油可樂餅」（右）佐配醬汁。

燉軟骨煮

這是用豬喉軟骨製作的「煮雜碎」，是一道能享受軟骨脆韌口感，及軟骨周邊軟黏口感的燉煮料理。和風高湯中只用日本酒、水、鹽、大蒜和生薑，風味單純，不過高湯中會融入軟骨釋出的大量鮮味，所以顧客總喝得一滴不剩。仔細撈除浮出的雜質和油脂，料理完成後味道更清爽。

▶售價：650日圓（含稅）　▶供應期：全年

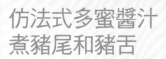

仿法式多蜜醬汁
煮豬尾和豬舌

「仿法式多蜜醬汁」顧名思義，這道料理是使用和西洋料理截然不同的調味料，配方中有八丁味噌、田舍味噌、日本酒和味醂。不過，許多顧客都驚訝於料理正是多蜜醬汁的味道。煮軟的豬尾和豬舌，裹上這個醬汁後即可出菜。

▶售價：900日圓（含稅）　▶供應期：冬

蕎麥種子燉飯

這是活用蕎麥種子的顆粒口感，所完成的彈牙燉飯。燉飯中添加起司和培根的厚味，味道比外觀看起來更濃郁。它原本是在該店舉辦的「起司會」的機緣下，所開發出的菜單，現在組合在套餐料理中。

▶套餐中的小菜　▶供應期：不定期

拜島蔥天婦羅

這是使用昭島當地的特產蔬菜「拜島蔥」製作的天婦羅。生產農家少，僅在11月中旬起至新年期間販售，是頗稀少的蔬菜，不過加熱後甜味大增，蔥肉也變得黏糊柔軟，最適合製作天婦羅。每年到了產季，許多顧客都會來店享用這道天婦羅。

▶售價：500日圓（含稅）　▶供應期：12月～2月

鮭魚奶油天婦羅

以混入鮭魚的白醬製作的可樂餅很常見,但天婦羅卻很罕見,這個天婦羅推出當時深受好評,因此被正式列入菜單中。鮭魚白醬事先冷凍備用,之後很方便處理,收到點單後,冷凍直接沾裹麵衣,就能油炸成天婦羅。白醬還能活用於可樂餅中。建議沾取鹽享用。

▶售價:600日圓(含稅) ▶供應期:不定期

十割蕎麥　山中（Yamanaka）

享受日本酒和下酒小菜
完美結合的酒鋪經營的蕎麥麵店

這是日本酒專門店「山中酒之店」所經營的人氣店。基本上是晚上營業，僅有週末的午餐才以販售蕎麥麵為主。因此，該店的下酒小菜十分豐富，精心製作的各式料理一應俱全。許多顧客都會點包含酒品的主廚推薦套餐，套餐的特色是從前菜、主菜到最後填飽肚子的蕎麥麵為止，都能享受到酒與小菜的美妙結合。而且，店家會根據當天的採購情況更動菜單，所以顧客每次造訪都有新的料理，這點也令人感到開心。酒品以日本酒為主，店長平岡元子女士表示「我們設計料理以適合搭配日本酒為考量」。該店任何細節都嚴謹講究，除了蕎麥粉外，以味噌為首的調味料等，都精選使用遵循古法製造的產品。懷舊的古早味和感覺新穎時尚的小菜料理，使該店聲名遠播。十割蕎麥套餐在享受各式各樣的小菜料理後，為了讓顧客填飽肚子，推出能充分感受蕎麥味道的粗蕎麥麵。

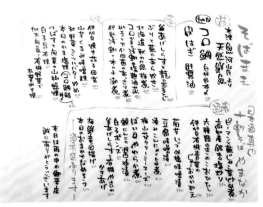

在介紹「蕎麥麵店的下酒菜」的手寫菜單中，列著推薦給酒客的下酒小菜。分成生魚片、煮物、烤物、下酒菜等類別，使用季節海鮮和蔬菜的料理約有 30 多種。300 日圓起的經濟價格設定，也深獲顧客好評。

為了讓顧客充分感受蕎麥的香味與甜味，該店講究使用十割蕎麥麵※。圖中是「盛蕎麥麵（morisoba）」800 日圓（含稅）。店家建議用鹽佐味食用，岩鹽、玫瑰鹽、黑鹽和藍色鹽一起提供。
※十割蕎麥麵：以 100% 純蕎麥粉製作的蕎麥麵。

日本酒 90㎖（390 日圓～）就能點單，該店常備 20 多種酒品。為了讓顧客能喝到喜歡的溫度，在櫃台旁設置了溫酒器。該店平時也常購買季節限定酒品，以擁有蕎麥麵店令人意想不到的齊全酒品而自豪，深獲日本酒迷的好評。

店長　平岡元子女士

地址	大阪府大阪市阿倍野区阪南町 1-50-23
TEL	06-6622-8061
營業時間	平日17時～21時、週六·週日
	11時30分～13時30分、17時30分～21時
定休日	週一·國定假日

蒜味醬油醃蜆

這道料理能立即出菜，而且事先備妥後，放在冷藏庫保存期間，還能使它充分入味，是一道能迅速供應的簡便小菜。料理中不直接用生大蒜，而是事先以瓦斯槍稍微炙烤過，以徹底提引出風味。除了蜆之外，也可以改用蛤仔製作。

▶售價：480日圓（含稅）　▶供應期：全年

泉橋味噌漬菊芋

這道料理採取完全不花工夫的烹調法，只需事先放入味噌中醃漬備用即完成。一次能準備多量，收到點單時很快就能盛盤上菜。菊芋獨特的黏稠口感，與味噌的濃厚風味完美速配，適合作為下酒菜，很多客人還會再加點一份。味噌是使用神奈川・海老名的泉橋酒造公司生產的豆味噌。

▶售價：380日圓（含稅）　▶供應期：冬

旨煮 ※ 凍蒟蒻

這道料理使用滋賀的特產「紅蒟蒻」，華麗的盛盤方式讓人不禁食指大動。涼拌菜和蒟蒻交錯重疊，能同時享受到清脆與豐潤的重點口感。此外，為了讓顧客口中洋溢料理的芳香，蒟蒻先用麻油拌炒也是烹調的重點。

※ 旨煮：是用糖、酒、醬油、味醂等調味料，將食材燉煮到味道變濃厚。)

▶售價：420日圓（含稅）　▶供應期：全年

梅山葵奶油起司

料理中的梅肉和青芥末不必攪拌進去，只要分別加入，一盤就能享受到三種美味，創意十足。奶油起司的分量稍多，完成後保有些許口感，也是製作上的重點。梅肉適度的酸味和青芥末的刺激辛辣味，是讓人一吃上癮，停不了筷的下酒佳肴。

▶售價：420日圓（含稅）　▶供應期：全年

豆渣拌
千鳥醋青花魚

店家考慮讓顧客感受到青花魚的鮮味，以及突顯日本酒的美味，青花魚放在醋中僅短暫醃漬即可。醃青花魚調拌豆渣後，不僅味道，連口感也變得複雜、深奧，能讓顧客獲得更大滿足。香橙和青芥末的清爽香味的餘韻也饒富魅力。

▶售價：780日圓（含稅）　▶供應期：全年

小魚乾柴魚拌
伊賀有機蔬菜

料理的研發靈感源自想充分運用煮過高
湯的小魚乾和柴魚。涼拌用的青菜是使
用當天便宜採購的葉菜。圖中是水菜、
菠菜、茼蒿、小松菜和芝麻菜等。料理
清爽的風味，更加突顯日本酒的風味，
因而深受顧客好評。

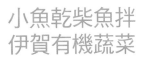

▶售價：380日圓（含稅）　▶供應期：全年

北海道 梅煮秋刀魚

秋刀魚連魚骨都煮至軟爛，因為容易食用而大受好評。醃梅的清爽酸味，消除了魚肉獨特的腥味，食用後口中清爽的餘味，不會影響日本酒的風味。一盤分量十足，不僅讓顧客感到驚訝，還費心思漂亮地排盤，再均勻淋上過濾後的煮汁。

▶售價：480日圓（含稅）　▶供應期：秋

酒蒸伊勢蛤仔

為了和主角蛤仔的風味相得益彰，料理中使用大量菇類。還加入黃色金針菇、繡球菇等珍稀的菇類，不僅味道上花工夫，料理的外觀也讓顧客感到驚喜。採取比較清淡的調味方式，完成後絲毫不影響香橙風味與日本酒的味道。

▶售價：580日圓（含稅） ▶供應期：冬

魚白昆布燒

魚白一面調味，一面加熱，感覺最後烘烤時，再融合昆布的香味。烹調的重點是加蓋，一面以蒸氣加熱，一面慢慢煎烤至昆布有焦色為止。散發濃厚鮮味的魚白昆布燒，是冬季不可或缺的人氣菜色之一。

▶售價：500日圓（含稅）　▶供應期：秋‧冬

鯛魚煎餅

這是活用白肉魚的生魚片製作的一道小菜。令人愉悅的香酥口感，讓這道料理贏得高人氣。採訪時店家是使用鯛魚製作，用白板昆布包住，更添昆布的風味。魚片不只沾上片栗粉，還薄拍上蕎麥粉，使鯛魚煎餅完成後芳香四溢。

▶售價：350日圓（含稅） ▶供應期：全年

炸旨煮海老芋

海老芋沾上蕎麥粉後油炸，能享受到它的獨特風味。為了充分展現海老芋的鬆軟口感，只要薄拍上蕎麥粉即可。海老芋水煮後，再放入加了酒、白醬油、味醂和昆布的水中蒸煮，讓它入味後再油炸，是店家推薦的美味下酒菜。另外還添加炸好的板蕎麥麵。

▶售價：380日圓（含稅） ▶供應期：秋

素料理和手打蕎麥麵 赤月（Akatuki）

以「素料理」為理念呈現
食材單純美味的下酒菜而受好評

曾在蕎麥麵店和日式料理店等地累積經驗的柴田信博先生，於2012年獨立開設了「素料理和手打蕎麥麵赤月」。該店的菜單設計，是希望顧客享受活用食材美味的簡單「素料理」和酒品後，再吃蕎麥麵來填飽肚子。該店擁有許多一週光顧2次的老主顧，基本的菜單只有蕎麥麵，其他都是寫在黑板上，每天更新的料理，讓顧客百吃不厭。該店也有許多注重健康的女客，因此備有各式使用蔬菜、納豆等低熱量食材烹調的有益健康料理。使用混合羅勒的自製「羅勒味噌」製作的蕎麥味噌，以及「唐揚風呂吹大根」等，這些都是活用以往烹調經驗所開發出的料理，將定番料理稍加變化成為該店特有的風味，因此也深受顧客好評。店主積極使用新鮮的在地蔬菜，他會前往立川當地的直銷所採購蔬菜類。店中的酒品以日本酒最受歡迎，適合佐餐，具辣味、香味淡的純米酒類也應俱全。

地址	東京都立川市高松町3-26-16
TEL	042-523-4361
營業時間	週二・週三・週四12時～（限定15份）、週一～週六18時～23時
定休日	週日

圖中是加入一成麵粉的手工蕎麥麵。考慮到夜晚顧客酒後需填飽肚子，該店只提供蕎麥涼麵類的「手打蒸籠蕎麥麵」700日圓（未稅）。

店主　柴田信博先生

日本酒備有適合冷飲的3種酒，及熱燗用的1種酒。該店一週兩次勤於往返酒鋪採購，大約一週時間，酒種品牌就會逐漸更新。

菜單中除了蕎麥麵以外，全部的料理都每天更新。平日只有柴田先生一人營業，所以開發菜色時，都會考慮出菜的時間。備有許多使用當天的食材的豐富料理。

辣麻油
拌酪梨泡菜

收到點單後，只要將酪梨、小黃瓜和韓式泡菜調拌好，就完成適合下酒的小菜。軟黏的酪梨和爽脆的小黃瓜，不同的口感也形成食用上的趣味，加入辣油的辛辣味，讓人想再飲一杯。小黃瓜剔除瓜芯部分，用鹽揉搓後使用，小黃瓜不出水較難入味。

▶售價：480日圓（未稅）
▶供應期：7月～9月

蟹味噌起司和
醃漬煙燻蘿蔔

該店花費心思將適合日本酒的蟹味噌和醃
漬煙燻蘿蔔這兩種珍味組合在一起。蟹味
噌中混入奶油起司、味噌、醬油和大蒜，
變化成西式風味，放在蘇打餅乾上食用。
因為能事先做好備用，所以能迅速出菜。
許多顧客會搭配日本酒一點一點慢慢享用。

▶售價：580日圓（未稅）　▶供應期：全年

羅勒風味燒味噌

該店常備的自製「羅勒味噌」，混入羅勒製作，香氣怡人，能靈活運用在各種料理中。圖中的商品，是蕎麥麵店的基本燒味噌的變化口味。可以直接食用，也可像沾食風格般用蔬菜沾取食用。該店積極使用立川當地產的蔬菜，目地在使料理特色化。

▶售價：580日圓（未稅）　▶供應期：全年

蕎麥麵店焗烤料理
（濃湯焗烤風味）

這道料理是因應顧客要求所研發，活用蕎麥麵店食材的濃湯焗烤料理。活用現有食材，還能避免浪費。用淋汁和沾汁稍微燉煮蕎麥糕、烤麩、長蔥和雞肉，放上起司後再以烤箱烘烤。蕎麥糕和烤麩的黏稠口感十分獨特。

▶售價：800日圓（未稅）　　▶供應期：冬

唐揚風呂吹大根

煮至入味、軟爛的白蘿蔔,再沾上粉油炸,以增添濃厚的風味與口感。經過油炸能添加油的鮮味,也適合作為下酒菜。冬季的蘿蔔含大量水分,油炸後,表面酥脆,裡面飽滿多汁。多花點工夫,這道料理就成為成本率5%以下的低成本菜色。

▶售價:480日圓(未稅) ▶供應期:冬

炸橄欖羅勒甜不辣

碎魚肉中，加入攪碎的烏賊、橄欖和羅勒等，
就完成這道義大利風格的甜不辣。羅勒和橄欖
可增加香味，烏賊則在口感上增添變化。這道
料理的研發靈感，源自立川當地栽種羅勒。事
前用蒸鍋蒸熟備用，收到點單後只需油炸，就
能迅速出菜。

▶售價：600日圓（未稅） ▶供應期：夏

白菜肉丸
水芹火鍋

這是以白菜黏結成的肉丸、芹菜和枥尾
油豆腐作為菜料的冬季小火鍋。肉丸具
有清脆、膨軟的獨特口感,為了能夠暖
身,還加入大量的生薑。肉丸中使用當
季的白菜,使成本也降至20%以下的有
利狀態,還能以有益健康為訴求。

▶售價:780日圓(未稅) ▶供應期:冬

橙香蟹肉豆腐

這是冬季名產豆腐羹，熱豆腐和芡汁能夠徹底地暖身。香橙香味和蟹肉芡汁的豪華感也深具魅力。這道料理以蟹肉和香橙來命名，常引發顧客詢問「這是什麼？」這點也有助與顧客展開對話。

▶售價：650日圓（未稅）　▶供應期：冬

籠蒸自製培根和蔬菜

這道是以自製培根使蔬菜特色化的籠蒸料理。培根的燻香和油脂滲入當令蔬菜中，蔬菜更添美味。蔬菜類都使用當令農產，採訪當時是使用南瓜、白花菜、綠花椰菜和菇類等。上桌時還隨附鹽和自製「羅勒味噌」。

▶售價：880日圓（未稅）　▶供應期：冬

雞和酪梨天婦羅
佐納豆橙味醬油

組合雞胸肉和酪梨這兩樣具健康感的天婦
羅，再淋上混合碎納豆和蘋果醋等具酸味
的「納豆橙味醬油」後提供。風味清爽，
讓人一吃上癮的美味，深獲好評。酪梨油
炸後口感會變得黏稠，因此還能享受到和
酥脆天婦羅麵衣不同的口感。

▶售價：680日圓（未稅） ▶供應期：全年

油豆腐鑲納豆

這道料理可取代米飯，在油豆腐中填入碎納豆、切末山藥等，沾裹麵衣再油炸成天婦羅。為了因應許多顧客對納豆料理的要求，該店開發出這道料理，因為有益健康又美味，博得一致好評。特色是餡料的調味和天婦羅醬汁中都使用蕎麥麵用沾汁。也是成本率約10%的低成本菜色。

▶售價：380日圓（未稅）　▶供應期：全年

手打蕎麥 笑日志

採不同碾磨法的3種蕎麥麵和獨創的小菜博得口碑

該店的店主原是木匠。他運用過去的經驗，將河邊的倉庫自行重新改裝，於2012年開設了這家散發時尚氛圍的蕎麥麵店。每天早上，該店會以石臼碾磨蕎麥粉，主要採用北海道、東北和中國地區的蕎麥產品。從粗磨到細磨，共準備3種蕎麥粉。這3種蕎麥粉除了外觀不同外，考慮到要改變蕎麥麵的素材，特點是風味也互異。該店嚴格講究盛蕎麥麵使用修業處的東京風味基本醬汁，而熱蕎麥麵則使用關西風味的基本醬汁等。另外，晚上營業時，備有20種下酒小菜，還準備「蒲燒蕎麥糕」這樣的獨創菜色讓酒客享用。該店位於商業辦公地區，為了縮短出菜時間，許多料理都改良成事先完成冷凍保存。日本酒基本上是採購供應較便宜的純米酒。

※中國：位於日本本州的西部。

地址	大阪府大阪市中央區平野町1-1-2
TEL	06-6232-3733
營業時間	11時30分～13時30分、17時～21時
定休日	不定休

該店挑選風味適合各年齡層客群的日本酒。從「清鶴」的新酒這樣的濃郁風味的酒品開始，到「十九」、「船中八策」這類道清爽的淡麗系酒品。平時常備8～10種，適合冷酒、常溫和爛酒的日本酒。提供玻璃杯100㎖及單口酒器1合這兩種分量。

該店每天早晨手工製作3種蕎麥麵，包括蕎麥去殼細磨、細的「蒸籠絹磨蕎麥麵」，去殼粗磨、粗的「蒸籠粗磨蕎麥麵」，以及連殼碾磨玄蕎麥的「蒸籠田舍蕎麥麵」。特別受歡迎的是，圖中一天限定10份的「蒸籠粗磨蕎麥麵」850日圓（含稅）。除了能充分品味蕎麥麵原有的風味外，之後還能享受到麵中緩緩散發出的甜味。

員工　濱田織繪小姐

蔥鴨蕎麥韓式煎餅

這是以蕎麥糕變化而成的獨創菜色。蕎麥粉中加入鴨肉和白蔥，形成韓式煎餅的風味。預先加入基本醬汁調味。提供前用微波爐解凍，煎烤時再以大量油將表面略煎炸至酥脆。用沾汁和醋製作沾食的醬料享用。

▶售價：550日圓（含稅）　▶供應期：全年

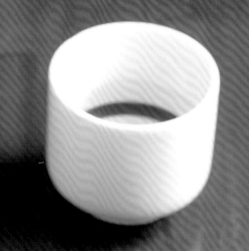

蒲燒蕎麥糕

這道料理也是蕎麥糕的變化菜色，以細磨蕎麥粉製作蕎麥糕，薄鋪在燒海苔上，用油煎烤後，再以濃郁的醬料調味，成為蒲燒風味。能享受到外酥脆、裡滑潤的不同口感。蒲燒醬料以醬油、酒、味醂和砂糖製作。

▶售價：400日圓（含稅）　▶供應期：全年

蕎麥糕（粗磨粉）

該店準備「絹磨」、「田舍」和「粗磨粉」3種不同口感的蕎麥糕。其中又以「粗磨粉」蕎麥糕最受歡迎。為了讓顧客充分享受黏稠口感，這種蕎麥糕的特色是拉長混合的時間。許多客人都直接享用，以便品嚐蕎麥的鮮濃風味。

▶售價：750日圓（含稅）　▶供應期：全年

蕎麥沙拉（加入田舍・粗磨的板蕎麥麵）

這是使用板蕎麥麵製作，蕎麥麵店風味的沙拉。多花點心思便能享受2種不同粗細度的板蕎麥麵。另外，在沾汁中加入柚子胡椒製成調味汁，再以橄欖油稀釋成獨特的風味。享受蕎麥麵風味的同時，柚子胡椒的清爽香味還能挑人食慾。

▶售價：650日圓（含稅）　▶供應期：全年

炸田舍油豆腐

用鋁箔紙覆蓋油豆腐，以小火先燜烤單面，再上下翻面用中火慢慢煎烤上色。放上蔥和薑泥，淋上大量基本醬汁後就能上菜。關西地區較喜愛享受油豆腐罕有的膨軟口感，是深受好評的一道料理。

▶售價：400日圓（含稅）　▶供應期：全年

煎蘘荷

為了充分表現蘘荷的口感，沿著纖維切開，一面放入鐵鍋中慢慢煎烤，一面搖晃鐵鍋以免煎焦，以突顯其風味。直接食用非常鮮甜，不過店家費心淋上少許基本醬汁，成為更適合佐配日本酒的美味。它是點單率很高的人氣下酒小菜。

▶售價：350日圓（含稅）　▶供應期：全年

柴魚拌青椒

用麻油將青椒煎烤一下後，先熄火，再加入基本醬汁，讓醬汁加熱至略有焦色，再沾裹到青椒上來突顯風味。為了讓顧客享受柴魚的風味，從上撒上大量的柴魚後才上菜。作法雖簡單，味道卻讓人百吃不厭，深受顧客的喜愛。

▶售價：400日圓（含稅）　▶供應期：全年

煎鴨心

為了搭配日本酒，這道料理的特色是鴨心切成較薄的薄片。此外，煎烤時，白蔥用鋁箔紙覆蓋，以小火悶煎以免太硬。白蔥講究充分煎至有焦色後，再剝去一層薄皮才提供。只用鹽和胡椒簡單地調味。

▶售價：500日圓（含稅） ▶供應期：全年

卡門貝爾天婦羅

這是用受歡迎的卡門貝爾起司創作的天婦羅。
在容器中先放入天婦羅醬汁,特色是能讓顧客
享受麵衣中滲入天婦羅醬汁的天婦羅,以及炸
至酥脆的天婦羅2種風味。尤其是考慮到讓顧
客直接享受起司的味道,天婦羅不調味。

▶售價:500日圓(含稅)　▶供應期:全年

天婦羅拼盤

店家希望天婦羅具有酥脆的口感，烹調重點是食材薄沾麵衣後，放入鍋裡時稍微搖晃一下。天婦羅醬汁使用柴魚的第一道高湯和基本醬汁，完成後味道稍濃。費心巧思是為了讓料理更適合下酒。依不同的季節，蔬菜種類會有變化，不過一定會加上裝飾切花。

▶售價：850日圓（含稅）　▶供應期：全年

蕎麥 Rouzina

備有豐富多樣的下酒小菜，
讓顧客在現代感空間裡享用

在京都風格的狹長店內，配置著大正時期風格的櫥櫃和現代感的照明，散發讓人難以相信是蕎麥麵店的氛圍。店內主要播放拉丁和古巴音樂，宛如夜吧一般。除了這樣的店面格局外，蕎麥麵當然也是正統口味的單點料理。曾在「天婦羅割烹Nakajin」修業的店主大重貴裕先生，展現高超廚藝的季節天婦羅和豐富多樣的小菜料理，贏得超高人氣。此外，店內供應的小菜也講究儘量自製，例如「炙燒自製鴨味噌」等。而且，這些小菜也每天變化更新，店主努力不懈讓顧客享受最高美味。該店盛裝料理的容器也很考究，使用信樂燒的文五郎窯、清水燒的田中大先生等的容器，也是該店的特色之一。在以櫃台為中心的店內，吸引許多前來輕鬆享受下酒菜，悠閒啜飲一杯的老主顧。該店在讓顧客感受京都風情的同時，還展現出新蕎麥麵店的魅力。

地址	京都府京都市中京区夷川通寺町西入ル北側丸屋町691
TEL	075-286-9242
營業時間	11時30分～14時、18時～20時30分
定休日	週一・不定休

大重先生表示「比起個性鮮明的酒種，我會挑選較適合進餐時飲用的佐餐酒」，他所選擇的日本酒口味不偏頗，十分大眾化。他也會準備少數幾種葡萄酒和氣泡葡萄酒，讓顧客搭配豐富多樣的下酒小菜一起享用。

店主　大重貴裕先生

該店提供用自製石臼製的純蕎麥粉製作的手工蕎麥麵。這類蕎麥麵有圖中喉韻佳的「盛蕎麥麵」，以及能感受到蕎麥麵獨特風味的「粗磨蕎麥麵」2種，也可以點選「雙味盛蕎麥麵」。該店嚴選當季優良的蕎麥，採訪當時是使用岡山縣蒜山產的蕎麥。午餐時，還提供米飯組合涼拌菜、高湯玉子燒的定食套餐。

明太子青紫蘇豆腐皮捲

這是顧客小酌日本酒時，非常受歡迎的一道下酒菜。用青紫蘇葉和味道香濃的豆腐皮捲風味濃厚的明太子，給人柔和的印象。收到點單後，雖然要花費捲包的時間，但不必加熱，所以迅速就能出菜。漂亮的盤盤方式也廣受好評。

▶售價：700日圓（含稅）　▶供應期：全年

豆腐皮佐豆腐

為了讓豆腐皮更易食用，店主想到用豆
漿醃漬豆腐的靈感。店主的學藝餐廳曾
提供皮蛋豆腐和淋橄欖油豆腐等料理，
因此想到若豆腐皮組合豆腐的話一定很
美味。青芥末成為料理的重點風味，這
道菜也很適合下酒。

▶售價：500日圓（含稅）　▶供應期：全年

自製醃脆瓜

店主原本考慮製作也能用於午餐的糠漬蔬菜，後來從妻子在家製作的鹽漬蔬菜獲得研發這菜的靈感。醃脆瓜尤其重要的是外韌裡脆的獨特口感。因加入薑末調味，吃完後口中充滿清爽的餘韻，這也是它受到歡迎的要因。

▶售價：380日圓（含稅）　▶供應期：全年

炙燒自製鴨味噌

為了和其他店有所區隔，該店將蕎麥麵店的燒味噌改良成這道料理。使用特別適合搭配日本酒的鴨肉，加入大量的鴨絞肉，以呈現濃厚的味道。用瓦斯槍炙燒時，一面燒烤，一面調整成適當的軟硬度，也是烹調的重點。

▶售價：380日圓（含稅）　▶供應期：全年

鴨肉排

備齊各種葡萄酒後，店主考慮設計適合
下酒的菜色。他將鴨肉切成1.5cm的一口
大小，讓顧客能充分享受鴨肉的鮮美滋
味。而且切成這種大小，肉塊也能均勻
受熱，避免生熟不均。這是一道運用蕎
麥麵店風味鴨肉的宴客料理。

▶售價：1200日圓（含稅）　▶供應期：全年

鴨肉生火腿

這是使用蕎麥麵店熟悉的食材鴨里肌肉製作，和日本酒十分對味的下酒菜。隨附芥末粒醬後提供，可依個人喜好沾食。鹽漬鴨里肌肉時，還加入大蒜來增進風味。鹽量會配合日本酒斟酌調整。

▶售價：680日圓（含稅）　▶供應期：全年

蕎麥糕

這道料理是以蒸蕪菁的感覺來設計的變化版蕎麥糕。為呈現良好的口感，蕎麥糕使用有別於蕎麥麵菜單的粗磨蕎麥粉。而且為了適合下酒，增加濃稠度的芡汁，還費心讓調味稍濃厚些。蕎麥糕高雅的外觀，也深受顧客喜愛。

▶售價：950日圓（含稅）　▶供應期：冬

炸海老芋

用淋汁燉煮的海老芋，不惜花費工夫放入冷藏庫使其入味。先沾上片栗粉後油炸，最後再撒上磨碎的香橙皮，對於增進香味等細節也十分講究。海老芋鬆軟的口感與美味，很適合佐配日本酒。

▶售價：700日圓（含稅）　▶供應期：冬

蕎麥屋的雞肉天婦羅

烹調的重點是先用沾汁約醃漬雞柳1小時使
其入味。天婦羅酥鬆的口感十分重要，油炸
時輕輕搖晃食材讓麵衣炸如開花般，炸至麵
衣幾近乾爽的狀態。隨附自製抹茶鹽，讓顧
客依個人喜好沾食。

▶售價：600日圓（含稅）　▶供應期：全年

幸町 滿留賀

活用高湯、基本醬汁和蕎麥麵湯
推出蕎麥麵店特有小菜而贏得佳評

滿留賀是創立於昭和39年（1964年）的蕎麥麵老店。現在店主野田直裕先生接手後，從商店街的蕎麥麵店，轉變為自製蕎麥粉的正統蕎麥麵店。他還開發出獨創的蕎麥麵口味及小菜，吸引了許多蕎麥麵饕客。他也努力開發夜晚的酒客，來店飲酒的客人日益增加。用心研發下酒菜的野田先生，他認為最重要的還是要守護蕎麥麵店的本質，與居酒屋清楚區隔。不是能賣就什麼料理都推出，他希望顧客看到他對蕎麥麵店特有美味的堅持。野田先生表示「蕎麥麵店有嚴謹熬煮的高湯和基本醬汁等各式各樣優質食材」。此外，他也活用蕎麥麵菜單中使用的食材，推出蕎麥麵店才有的小菜，獲得許多粉絲的青睞。野田先生避免提供其他店常見的著名酒種，而精選無名卻美味的酒品，以利和其他店家有所區隔。

地址	神奈川県川崎市幸区幸町2-680
TEL	044-511-4845
營業時間	平日11時～14時、17時30分～20時30分、週六11時～20時
定休日	週日・第3個週一

店主　野田直裕先生　志乃女士

該店除了提供基本的冷酒用和燗酒用2種日本酒外，還供應1種「季節在地酒」。店主會一面視酒品生產狀況，一面調整供應期間，逐漸更新酒種。該店也會提供著名品牌，或季節限定的稀有酒品。

下酒菜另以其他的菜單介紹。該店四季都會開發新菜色，再根據料理受歡迎的程度，決定是否納入大菜單中。以30%的成本率為基準，並參考員工的意見來做調整。

該店設計出「狐狸蕎麥麵」940日圓（含稅）這樣的新吃法，在熱蕎麥麵中添加煎過的油豆腐皮後供應。該店每一項食材都十分講究，諸如手工油炸油豆腐皮、京都產九條蔥等，以大眾熟悉的基本菜色為基礎，研發出許多新的美味而贏得顧客的青睞。

蕎麥麵屋的煮牛腱
enami

這是使用板蕎麥麵、淋汁和高湯的蕎麥麵店風味煮牛腱。牛腱肉燉煮成甜辣味，分成1盤份的分量後冷凍備用，收到點單後加熱，再組合上切短片、經水煮的板蕎麥麵後，便能迅速出菜。菜名中的「enami」，是源自傳授這道料理的店的店主才特別加註的。

▶售價：550日圓（含稅）　▶供應期：全年

蕎麥麵屋的炸牡蠣

這道料理在活用蕎麥麵店現有食材的同時，還以講究的排盤法提升料理的魅力。以油炸過生蕎麥麵作為底座，將炸牡蠣立體地盛盤。將沾汁中增加濃稠度作為醬汁使用，風味十分清爽。為了吃起來酥脆爽口，供應時炸蕎麥麵上不淋醬汁，只撒上鹽。

▶售價：690日圓（含稅）　▶供應期：11月～2月初

蕎麥糕鴨肉湯

這是在蕎麥糕中加入鴨肉湯，展現蕎麥麵店風格的豪華料理。為了讓蕎麥糕的風味與味道濃厚的鴨肉平分秋色，混合粗磨蕎麥粉，再以第二道高湯混拌。鴨肉用沾汁和淋汁混成的湯汁稍微燉煮至三分熟程度，煮好後再澆淋在蕎麥糕上即可出菜。

▶售價：1200日圓（含稅）　▶供應期：全年

磯部炸蕎麥糕

蕎麥糕上捲包海苔後油炸，就完成這道
方便食用的磯部風味下酒菜。店家出菜
時還隨附蕎麥麵用基本醬汁和沾汁，費
心讓顧客享受多樣的風味。油炸時蕎麥
糕會不斷地吸油，而失去Q韌的口感，
所以炸至顏色改變時就要迅速撈起。

▶售價：850日圓（含稅）　▶供應期：全年

蕎麥天婦羅

天婦羅餡料中混入蕎麥麵和蕎麥米，是只
有蕎麥麵店才吃得到的美味。加入蛋白膨
軟的餡料中，竟然能吃到蕎麥麵和蕎麥
米，這點令顧客大感驚奇。而且口感上也
更有變化，成為令人百吃不厭的味道。餡
料事先冷凍備用，收到點單後立即油炸，
淋上淋汁就能提供。

▶售價：540日圓（含稅）　▶供應期：全年

裡面混入蕎麥麵和蕎麥米，能吃到富變化的趣味
口感。蕎麥麵店風味也是料理的訴求。

蕎麥麵屋的新香泡菜

基本的人氣料理新香泡菜，以蕎麥麵的沾汁
醃漬賦予特色。在用鹽揉搓過的蔬菜中，倒
入能蓋過蔬菜的沾汁，上面放上柴魚、香橙
皮和辣椒，再用羅臼昆布覆蓋密封，約醃漬
2天後使用。除了沾汁外，再添加柴魚、昆
布的鮮味及香味，是該店才能製作出的美味。

▶售價：550日圓（含稅）　▶供應期：全年

和風醃黃瓜

這是針對年輕女性開發出的和風醃黃瓜。一面考慮顏色與味道,一面使用多種蔬菜,讓顧客享受小番茄、鵪鶉蛋等罕見食材的組合。此外,料理的盛盤方式也很美觀,更添魅力。醃黃瓜液中使用第二道高湯和昆布等,呈現蕎麥麵店風格的日式風味。

▶售價:560日圓 (含稅)　▶供應期:全年

三種涼拌菜

使用當令蔬菜製作的三種涼拌菜，深受
注重健康的中高年齡客群的歡迎。善用
食材的原味，不過度加工的簡單原味，
受到顧客的支持。善用高湯和沾汁來調
味。而且每天更換菜色內容，圖中是涼
拌蕪菁、涼拌胡蘿蔔和涼拌菠菜魩仔魚
這三種涼拌菜。

┄┄┄┄┄┄┄┄┄┄┄┄┄┄┄┄┄┄┄┄┄┄

▶售價：630日圓（含稅）　▶供應期：全年

香鬆飯

這道是活用蕎麥麵店風格的蕎麥米和淋汁，成為新口味的主食而受到歡迎。員工在撒了大量地海苔的米飯上倒入熱高湯，就能讓顧客享受茶漬風味的「香鬆飯」。還撒上炸蕎麥米作為口感的重點，並使用魚粉佐味，在味道上加入衝擊感。

▶售價：540日圓（含稅）　▶供應期：全年

熱騰騰的高湯和米飯一起上桌，在客席間，員工為顧客在飯上淋上高湯。從地海苔和魚粉飄散出的香味，讓人不禁食欲大開。

舞茸蕎麥粉天婦羅

這道是使用購自千葉的無農藥栽培農家,香味濃、口感佳的舞茸製作的季節天婦羅。店主將蕎麥粉作為防沾粉使用,費心呈現有別以往的美味。舞茸沾上薄麵衣油炸,完成後芳香、酥脆。同時期推出的季節蕎麥麵系列的「舞茸天婦羅蒸籠蕎麥麵」,深受顧客歡迎。

▶售價:1300日圓(含稅)　　▶供應期:9月下旬～11月初

蕎麥切 森的

以講究的食材和烹調法
廣泛吸引在地客及蕎麥麵饕客

曾在東京神保町的「松翁」修業的森野浩正先生，於
2002年開設了森的蕎麥麵店。該店使用從農家直購的
蕎麥粉製作的手打蕎麥麵，以及費心研發的精緻小菜
而贏得口碑。森野先生對食材相當地講究，頻繁前往
採購蕎麥的農家幫忙田事，另外決定湯汁味道的關鍵
本枯（Hongare）柴魚，也是從製作者那裡直接購入
後，在店裡再削片等。關於小菜方面，他會仔細斟酌
每一樣食材，並納入當令食材而博得好評。特別的是
該店設有養魚槽，收到點單後，才處理海鱔或魚等使
其保鮮，對天婦羅料理相當用心，也吸引許多顧客專
為天婦羅前來。夜晚的客人以酒客為主，很多客人都
喜愛日本酒，店內約準備10種日本酒。基本酒品控
制約3～4種，待季節酒品等賣完後會逐漸更新，讓
顧客保持新鮮感。森野先生曬乾河豚骨和蝦虎魚，在
店內自製的「河豚骨酒」及「蝦虎魚酒」也極具人
氣。

地址	東京都文京区本郷2-25-1ムトウビル1階
TEL	03-3818-9555
營業時間	週一～週五11時30分～14時、17時～20時30分、
	週六11時30分～14時30分
定休日	週日・國定假日

店主前往精通在地酒的酒鋪直接採購。最近增
加許多標籤或名稱有趣的酒品，店主也積極引
進。

店主　森野浩正先生

收到點單後，才從養魚槽撈出小香
魚油炸成天婦羅，與蕎麥沾麵組合
的季節套餐「小香魚天婦羅蕎麥
麵」1900日圓（含稅）。蕎麥麵是
使用從契約農家購入，二八細打
（譯註：以二成麵粉、八成蕎麥粉
製成的細蕎麥麵）的常陸秋蕎麥
麵。醬汁有使用濃味醬油為底的
「濃味」基本醬汁，以及使用薄味
醬油為底的「薄味」基本醬汁2
種，顧客可依喜好自行選用。

煮花生

新鮮的花生在店裡煮熟,作為冰的下酒小菜供應。使用有點罕見的當令食材新鮮花生,能增添季節感,恰到好處的口感和鮮甜美味,成為極富特色的小菜而深受好評。花生去殼後泡水,用淋汁煮軟後冷藏備用。它是非常便利能迅速上桌的小菜。

▶售價:550日圓（含稅）
▶供應期:8月下旬～10月,11月

無花果胡麻醋味噌

這是使用整顆無花果，略微獨特的一道
料理。在新鮮的無花果上，淋上芝麻
醬、玉味噌、沾汁和醋混合的醬汁後提
供。無花果的甜味和酸味，與醬汁的風
味相互融合，形成均衡的風味。料理的
外觀也十分有趣，女顧客們也很喜愛。

▶售價：550日圓（含稅）
▶供應期：6月、7月左右～12月初

堅果烤味噌

蕎麥麵店的基本小菜烤味噌再多花點工夫，便能提升料理的魅力。核桃、腰果、松子大致切碎，和柴魚、長蔥一起混入西京味噌中使用。味噌中加入香味與厚味，顧客能享受到更濃厚的美味。

▶售價：550日圓（含稅）　▶供應期：全年

蕪菁沙拉

這道是使用當令蕪菁，呈現季節感的冬季沙拉料理。蕪菁切薄片，放入海水濃度的鹽水中醃漬變軟後，再和鹽昆布調拌。鹽昆布的適度鹹味和鮮味，成為最佳調味料，讓人感受到日式風味。最後和色彩繽紛的葉菜和迷你番茄等組合，淋上調味汁即完成。

▶售價：650日圓（含稅）　▶供應期：11月～12月

炸海老芋蟹肉羹

在油炸海老芋上淋上熱騰騰的蟹肉芡汁，就
完成這道豪華的冬季風味料理。海老芋先用
水煮，再用蕎麥麵的淋汁煮至入味。最後海
老芋沾上片栗粉後清炸成外酥內軟的口感。
事先將食材準備至成形狀態，就能縮短出菜
時間。蟹肉芡汁也能活用作為淋汁。

▶售價：1250日圓（含稅） ▶供應期：11～2月

鴨肉丸土瓶蒸

這是以高雅土瓶蒸的方式提供的「鴨肉湯（去除蕎麥麵的鴨南蠻）」。煮汁很方便飲用，料理外觀又很高雅而廣受好評。鴨絞肉中加入蛋和片栗粉製成的鴨肉丸，放入淋汁前先煮熟備用。收到點單後，在土瓶中放入煮汁、鴨肉丸、長蔥和菇類等加熱後即可提供。

▶售價：860日圓（含稅）　▶供應期：全年

烤煮帶卵香魚

這是為了從頭到尾食用整條香魚而開
發的料理。鹽烤之後,放入蒸鍋中約
蒸2個半到3個小時,再用淋汁煮20
分鐘後提供。煮到連魚骨都徹底變軟
為止,儘管如此,香魚的美味不會流
失。自9到11月是使用帶卵香魚,5到
9月則使用一般的香魚。

▶ 售價:1350日圓(含稅)
▶ 供應期:9月～11月

油漬牡蠣

這是牡蠣肉用沾汁稍微燉煮，再放入油中醃漬的稀有美味。牡蠣本身的鮮味中，加入蕎麥麵店才有的高湯美味，浸泡油後又增添了厚味，牡蠣熟成後的味道很適合用來下酒。

▶售價：3個890日圓（含稅）　▶供應期：10月～2月

牡蠣真薯

這道豪華真薯，使用了大量切大塊的牡蠣，讓顧客充分飽嚐牡蠣的美味。真薯入口後，整體餡料好似都由牡蠣構成般，牡蠣的香味瞬間在口中瀰漫開來。餡料中加入用在地魚製的魚漿，以及蛋黃和油製作的蛋黃油，使真薯的口感更為細滑。

▶售價：1250日圓（含稅） ▶供應期：10月〜2月

牡蠣田樂燒

這道是分別抹上紅味噌和白味噌為底的味噌的牡蠣田樂燒。2種口味一起盛盤，顧客不僅能欣賞漂亮的外觀，還能享受不同的美味。使用可以生食的牡蠣，就能品味飽滿、富彈性的牡蠣肉和芳香的味噌。

▶售價：1300日圓（含稅）　▶供應期：10月～2月

季節天婦羅
（牡蠣魚白天婦羅）

這是組合季節食材的天婦羅套餐。通常是一樣樣現炸依序送至客席，以套餐方式讓顧客享用。圖中是秋季到冬季的版本，內容包括牡蠣、魚白、百合根、香菇和蘋果。最後一道會推出甜味天婦羅作為甜點，這次的甜點是在蘋果上沾裹糖粉和肉桂後提供。

▶售價：1750日圓 (含稅)
▶供應期：10月中旬～12月

松鄉庵 甚五郎

創作蕎麥麵・烏龍麵的名店。
具獨創性的豐富小菜一應俱全

「松鄉庵 甚五郎」靜靜地佇立於埼玉所澤的住宅街上。該店創立於1984年，是以手打蕎麥麵和烏龍麵而聞名的知名老店。店主對於開發創作料理也充滿熱情，例如「田野蕎麥麵」、「森之狐蕎麥麵」等，店內備有各式各樣著名菜色。該店沒有提供飯類餐點，小菜卻十分豐富。為了方便人數少的顧客也容易點餐，該店除了設定一人份200日圓起的低價格外，也能配合人數以一尾、一片為單位來點餐，站在顧客立場準備餐點的作法也廣受好評。不只是酒客，許多來用餐的顧客也會單點蕎麥麵、烏龍麵或天婦羅等，成功地拉高了客單價。店主還積極引進在地食材，最近使用埼玉縣產的品牌豬製作角煮，以及使用川越產的著名地瓜等製作天婦羅，都受到熱烈的歡迎。他也引進當地生產的在地啤酒、日本酒、燒酎和可樂等飲料類，深得顧客歡心。

該店也積極開發創作蕎麥麵・烏龍麵的菜單，多年來一直擁有高人氣。店內提供許多知名料理，例如圖中的「田野蕎麥麵」1130日圓（含稅）等。每個季節都備有限定菜單，每年也有不少的老主顧會前來捧場。

店主　松村憲利先生

圖中是使用所澤產的米釀製的日本酒、所澤產的大麥釀製的在地啤酒，以及所澤產的芋頭製作的燒酎等，全是所澤在地生產的酒。除此之外，該店會用心備貨讓顧客享受，例如「一次飲盡」的季節限定小瓶日本酒，都以1瓶為單位購入陸續更新。

地址	埼玉県所沢市松郷272-2
TEL	04-2944-9168
營業時間	平日11時15分～15時30分，17時～21時，週日・國定假日11時15分～15時30分，16時30分～20時30分
定休日	週三

蕎麥粉
油炸濃口起司

這道是青紫蘇葉捲包起司，再沾上麵衣後油炸。特色是使用水調勻蕎麥粉製成的「蕎麥麵衣」。一經油炸，蕎麥麵的香味飄散發開來。炸至酥脆的麵衣中，黏稠的起司受熱融化，與青紫蘇葉融合出清爽的風味。清炸牛蒡香味濃，口感酥脆，深獲佳評。

▶售價：300日圓（含稅）　▶供應期：全年

蕎麥粉炸稚雞

這是為展現蕎麥麵店風格,特別研發出使用蕎麥粉的菜色。日本國產稚雞的腿肉,以使用蕎麥麵基本醬汁的醃漬液醃漬,使其充分入味,再沾裹水和蕎麥粉調製的「蕎麥麵衣」後油炸。炸雞散發出蕎麥適度的香味,成為無特殊氣味,大家都能接受的風味。很多人吃蕎麥麵時都會加點,大家一起分享。

▶售價:580日圓(含稅)　▶供應期:全年

炸山芋

這道是只用山藥、炸油和鹽製作的簡單油炸料理。切得稍厚的山藥，迅速清炸炸至外表呈黃褐色的程度，完成後裡面還具有清脆的口感。好似炸洋芋的感覺般，因為能輕鬆享用而廣受好評。它是一道深受各年齡層客群歡迎、老少咸宜的料理。

▶售價：310日圓（含稅）　▶供應期：全年

生豆腐皮春捲

這道是用片狀的生豆腐皮，捲包萵苣、小黃瓜和蘘荷等新鮮蔬菜和蝦子，口感清脆的和風生春捲。它是活用現有食材所研發出的料理，調味汁中使用蕎麥麵店風味的沾汁和第二道高湯。親民的價格設定，許多顧客都會和蕎麥麵或烏龍麵組合點餐。

▶售價：330日圓（含稅）　▶供應期：全年

雪煮稚雞

這道是因應顧客想吃比「唐揚（油炸肉類）」口味更清爽的油炸料理的要求，而研發出的商品。的雞肉上放上白蘿蔔泥，淋上烏龍麵用的沾汁後提供。調味和食材與「唐揚」共通，除了能夠避免食材浪費外，還能成功滿足顧客新的需求。

※龍田揚：龍田揚是肉類經過醬油、味醂等醃漬入味後再炸）

▶售價：650日圓（含稅） ▶供應期：全年

柳川風牛肉

在甜辣風味的牛肉壽喜燒的業務用菜料中，組合牛蒡片、烏龍麵用的淋汁和蛋，就完成這道柳川鍋風味的牛肉料理。以往業務用菜料都用在烏龍麵菜單中，該店為了擴展菜色，研發出這個商品。酒客常點這道菜作為下酒菜。

▶售價：650日圓（含稅）　▶供應期：全年

香豬角煮

使用埼玉縣產的SPF※品牌豬「松村牧場 香豬」，花3天時間和工夫準備，是成本率超過60％的服務性商品。將豬腹肉放在蕎麥麵、烏龍麵用的基本醬汁等混製的煮汁中，以浸漬的狀態蒸到軟。為方便顧客點單，區分為3片、5片的小分量予以商品化的作法也深受好評。

※SPF：意指無特定病源；Specific Pathogen Free

▶售價：5片780日圓（含稅）　▶供應期：全年

西京味噌床醃菜

這道人氣醃漬料理，是用西京味噌、味醂粕等製作的市售味噌床醃漬，使蔬菜的味道換然一新。比起用一般的糠床醃漬出的味道更柔和，所以容易了解食材的原味，而且蔬菜醃漬再久也不會變色，因為不易變色，店家表示這樣也能避免食材浪費。蔬菜用鹽揉搓後，在味噌床中醃漬3天以上再提供。

▶售價：360日圓（含稅）　▶供應期：全年

三種蘑菇天婦羅

這道是使用嚴選食材，每2個月更換食材內容的季節天婦羅。秋季時使用無農藥栽培的菇類。以芳香、味道濃厚的舞茸，以及比一般的大2～3倍的鴻禧菇和珍珠菇等稀少的菇類製作，深受顧客歡迎。菇類裹上加了上新粉的天婦羅麵衣，炸成酥脆輕盈的口感。天婦羅醬汁中使用了烏龍麵用的沾汁。

▶售價：650日圓（含稅）　▶供應期：9～10月

川越芋天婦羅

這道天婦羅使用埼玉‧川越的老字號農家培育，味道非常甜美的地瓜「甘密忠右衛門」製作。以低溫烤箱慢慢烘烤，提引出地瓜更濃郁的甜味，成為甜點般的味道。該店也有外賣 1 片 120 日圓，是一個月能熱銷 140 kg 的人氣熱賣商品。

▶售價：5個600日圓（含稅）　▶供應期：10月～5月

東京・青梅

沾蕎麥 KATSURA

從獨創的蕎麥沾麵為首，
個性化小菜也讓顧客著迷

「沾蕎麥 KATSURA」希望吸引包括年輕人等更廣泛的客群來享受蕎麥麵，因此製作菜單時納入其他業種的要素。主要的蕎麥麵，提倡「沾蕎麥」這種新風格，也就是將源自拉麵的沾麵的冷蕎麥麵，附上濃郁的熱沾汁食用。沾汁是以雞、鴨的骨頭和蔬菜熬煮4～5小時，所完成的獨家鴨高湯作為湯底等，自由發想和謹慎的工作態度受到顧客的支持。該店活用蕎麥粉、鴨肉等現有的食材來研發，因此小菜也慢慢增加中。該店重新變化蕎麥麵店特有的食材，製作出新的美味，像是將蕎麥麵中的配菜變化為鴨肉叉燒，或用蕎麥粉製作披薩餅皮等。酒類方面也考慮到和蕎麥麵是否對味，準備了純米酒和純米吟釀酒。店主和四家釀酒廠往來，引進各季節的限定酒品，希望提供的酒品更具特色。

地址	東京都青梅市河辺町6-12-1 104
TEL	0428-24-1723
營業時間	11時～15時、17時～21時
定休日	週二

店主 吉野 桂先生

使用自農家直購的帶殼蕎麥，製作的自製粉的手打蕎麥麵，組合融入鴨脂等的西式鴨高湯的「鴨高湯蕎麥沾麵」900日圓（含稅）。冷蕎麥麵可沾取熱沾汁食用。

以福岡的「獨樂藏」為首，店主和特定的酒廠密切往來，積極引進各季節的限定酒讓酒客享用。以120㎖為單位，定價500日圓起等，也考慮到方便顧客點單。

蘑菇蕎麥披薩

使用蕎麥粉製作的麵團,完成這個蕎麥麵店才能吃到的披薩。該店以100%蕎麥麵的魅力為訴求,連防沾粉都使用蕎麥粉。薄麵皮的酥脆口感,再加上好接受的輕爽風味,也適合作為小菜。餡料中使用鴻禧菇、鮑魚菇等許多菇類,並用鹽麴調味等,在健康上也頗費心思。

▶售價:900日圓(含稅) ▶供應期:全年

鴨肉叉燒

也作為蕎麥麵用配菜的鴨腿肉叉燒，切厚片後當作小菜提供，也深受顧客歡迎。鴨腿肉加熱後，放入蕎麥麵用基本醬汁中醃漬一下，使風味變得豐潤濃厚。融入鴨脂的蕎麥麵的基本醬汁，還可以活用於蕎麥麵中或作為調味汁。

▶售價：800日圓（含稅）　▶供應期：全年

鴨里肌肉

這道小菜是將鴨里肌肉放入沾汁中醃漬，直接以小火略煮，煮至適當的濕潤與柔軟度即完成。和「鴨肉叉燒」比起來，這道料理提引出鴨肉纖細的風味，深受好評。該店也推薦用鴨里肌肉捲包水菜和蔥片一起享用。

▶售價：800日圓（含稅）　▶供應期：全年

烤蕎麥糕的
藍黴起司味噌田樂燒

蕎麥糕烘烤成鬆餅風格，淋上使用田樂味噌
和藍黴起司的醬汁，就完成這道西洋風味料
理。蕎麥糕以較慢的速度攪拌，再用大量的
油將表面煎至酥脆。蕎麥麵的風味與濃郁、
味甜的醬汁風味完美融合。作為下酒小菜也
頗獲好評。

▶售價：800日圓（含稅）　▶供應期：全年

炸蕎麥糕湯

如何才能讓顧客更輕鬆享用蕎麥糕？基
於這樣的想法，該店研發出這道炸豆腐
感覺般的料理。慢慢攪拌混合的蕎麥
糕，用油炸至外表酥脆、內裡Q韌的口
感。以沾汁做基本的調味，再加上粗白
蘿蔔絲來增加口感上的變化。

▶售價：800日圓（含稅）　▶供應期：全年

蘑菇蔬菜天婦羅

這道天婦羅的菜料中只使用蔬菜和菇類，分量充足，同時壓低價格供應。該店採用季節食材，並將近10種的菜料豪華盛盤，讓人感覺十分物超所值，獲得廣泛客群的歡迎。許多顧客都和盛蕎麥麵組合點餐，2人一起分食。

▶售價：650日圓（含稅）　▶供應期：全年

手打蕎麥 Sakai

活用修業店的經驗
油炸物和天婦羅成功特色化

店主酒井裕享先生擁有不同餐飲店的經歷，他曾在上野的「炸豬排 井泉」等炸豬排店工作15年的時間。雖然在豬排店時曾考慮獨立開店，但機緣之下轉至聞名的蕎麥麵名店東京大井的「布恒更科」修業。在那裡工作6年半的時間後獨立，於2013年開設「手打蕎麥 Sakai」。店主推出自修業店習得的外二※手打蕎麥麵，和自己精心研發的小菜，都受到顧客的好評。基本上，小菜能在10分鐘以內提供，研發時會考慮和酒是否對味。另外考慮到使用當令食材和季節感，每天更新的菜色也十分多樣化。店主活用豬排店的經驗，還供應豐富的天婦羅和炸物，許多顧客點單時會加上下酒菜和蒸籠蕎麥麵。酒類購自城裡多家酒鋪，偶爾酒井先生也會出門自行採購。寒冬時期特別受歡迎的日本酒，該店也備有不同的5～6種基本款的純米酒。

※外二：指蕎麥粉十成，外加麵粉二成混合的蕎麥粉。

店主 酒井裕享先生

地址	神奈川県大和市南林間1-3-7 遠藤ビル1階
TEL	046-272-2121
營業時間	11時〜14時30分、17時30分〜20時30分
定休日	週二

除了2種基本酒之外，還備有時常變換內容的季節酒。店主會挑選產地和味道特色鮮明，其他店不太常見的酒品。

店主活用前工作的經驗，致力研發天婦羅，他準備7～8種季節食材，製作每天更新的「本日天婦羅」。以POP做宣傳，有助突顯該店特色和提升客單價。

店主先購入蕎麥粉，再自製外二手打蕎麥麵。他認真的工作態度贏得讚賞。許多顧客都會點蕎麥麵組合喜歡的天婦羅。圖中是蒸籠蕎麥麵搭配油炸「牛蒡天婦羅」的「牛蒡天婦羅蒸籠蕎麥麵」980日圓（含稅）。

鍬燒雞肉

雞腿肉和長蔥切大塊後煎烤,再用沾汁
略煮即可出菜。該店活用蕎麥麵店的基
本食材,研發成為下酒小菜,還能避免
食材的浪費。沾汁讓雞肉味道更濃厚,
並呈現甜辣味,贏得廣泛客群的好評。
使用帶皮的日本產雞腿肉製作。

▶售價:600日圓(含稅)　▶供應期:全年

炸牡蠣

使用當令的生牡蠣製作，在店內從頭開始烹調，使這道炸牡蠣廣受顧客好評。收到點單後，充分瀝除生牡蠣的水分，沾裹上蛋液、低筋麵粉和麵包粉後油炸。炸油中加入少量豬油以表現厚味，用170℃的油油炸，注意不可加熱過度。麵包粉是使用粗的麵包粉，能炸出酥脆的口感。

▶售價：3個600日圓（含稅）、5個980日圓（含稅）
▶供應期：11月～3月

蕎麥涼拌菜

這是蕎麥種子、蛤仔和辣味白蘿蔔等用橙味醬油調味的涼拌菜。這道小菜組合蕎麥麵店風味又簡單的食材,廣受顧客的歡迎。該店費心使用紫色辣味白蘿蔔,讓料理外觀更具趣味性與適度的辣味。顧客還能享受蕎麥種子的顆粒感,及蛤仔飽滿彈牙等口感上的變化。

▶售價:500日圓(含稅)　▶供應期:12月～2月

醋味噌
拌橫濱蔥和章魚

這是用醋味噌調拌煮好的長蔥、章魚和海帶芽的涼拌菜。簡單組合對味的食材，博得顧客一致好評。在較難表現季節感的蕎麥麵店業態下，加入在地產的當令長蔥，使料理魅力大增。醋味噌是該店自製的玉味噌用醋稀釋而成，多花點工夫就能呈現令人耳目一新的風味。

▶售價：580日圓（含稅） ▶供應期：冬

堅果豆腐
拌茼蒿蘑菇

這道是使用菇類、茼蒿等季節蔬菜，用
豆腐調拌的涼拌菜。該店費心使用漂亮
的小缽盛裝，而大獲好評。菇類、茼
蒿、胡蘿蔔水煮後，瀝除水分，在木綿
豆腐中加入玉味噌和芝麻醬等，再以混
合好的豆腐拌醬調拌蔬菜。最後加入碎
堅果增加口感與風味。

▶售價：480日圓（含稅）　▶供應期：冬

豆腐蕪菁羹

這是適合寒冬，既溫暖、味道又柔和的一道料
理。該店使用豆腐和當令的蕪菁，並活用淋汁調
味。蕪菁切半用鹽水煮過後，當作菜料使用，剩
下的一半磨碎用於芡汁中。用平底鍋煎烤豆腐和
菜料用的蕪菁，淋上用淋汁和磨碎的蕪菁製成的
芡汁後即可出菜。

▶售價：580日圓（含稅）　▶供應期：冬

145

魩仔魚天婦羅

這道是只使用魩仔魚的簡單天婦羅。活用魩仔魚
原有的鹹味，不添加鹽和天婦羅醬汁等直接提
供。是一道深受顧客歡迎的下酒小菜。天婦羅麵
衣只使用讓餡料能夠凝結的少量，油炸時，一面
用炸籠調整外形，一面用筷子刺穿使空氣進入，
炸至酥脆輕盈的口感。

▶售價：600日圓〈含稅〉　▶供應期：全年

牛蒡天婦羅

這道是組合牛蒡和櫻花蝦的人氣天婦羅。
分別混合天婦羅麵衣製成餡料後,從牛蒡
餡料開始先油炸,之後再加入櫻花蝦餡料
疊成兩層。呈現高度的天婦羅,不僅外觀
漂亮,分量感也充滿魅力。和蒸籠蕎麥麵
組合的套餐也深受歡迎。

▶售價:330日圓（含稅）　▶供應期:全年

石臼挽手打 蕎樂亭

以多樣化小菜，講究的天婦羅吸引許多粉絲的人氣店

在蕎麥麵店中，蕎樂亭是少見以櫃台為主體的店面，顧客能享受到蕎麥麵和現炸天婦羅的經營風格，讓它成為深受好評的人氣店。該店位於從神樂坂的主要街道一條直通的小巷內，慕名饕客連日來川流不息、人聲鼎沸。店主長谷川健二先生採用故鄉會津產的玄蕎麥和去殼蕎麥的自製粉製作蕎麥麵，提供手打「十割蕎麥麵」和「竹籠屜蕎麥麵」。另外，以小麥製作麵粉，自製烏龍麵和涼麵也有高人氣。夏季時，「番茄」這道創作蕎麥麵成為該店的名商品，吸引許多粉絲前來朝聖。小菜也很豐富，備有包括季節商品和天婦羅近40道料理。以和店主故鄉有淵源的生馬肉和小雜炊料理為首，包括煮牛腱、肉豆腐等，豐富多樣。店內販售的天婦羅，講究使用活的小型蝦，每早醃漬的海鱓、季節海鱓、魚白和山菜等食材。一樣樣仔細油炸的美味，讓顧客一吃上癮無法自拔。

蕎麥麵・烏龍麵菜單中，包含季節商品約提供40種料理。圖中是基本的熱蕎麥麵「肉湯麵」1000日圓（未稅）。它使用和小菜「肉豆腐」相同的豬腹肉和淋汁製作，能避免食材浪費。

店主 長谷川健二先生

該店常備18種日本酒。包括「花泉」、「宮泉寫樂」、「泉川」、「豐國」、「山之井」、「央」、「奈良萬」等，以福島縣酒廠的酒為中心，店主意圖讓酒品特色化。日本酒配著多樣化小菜和天婦羅一起享用，受到許多酒客的青睞。

地址	東京都新宿区神樂坂3-6 神樂坂館1階
TEL	03-3269-3233
營業時間	週一～日17時～21時、週二～週六11時30分～15時、17時～21時
定休日	週日・國定假日

店主長谷川先生先一樣樣現炸天婦羅後提供。顧客如同在享受天婦羅專門店的套餐般，因而聲名遠播。

蒟蒻田樂

這道是淋上已加熱的自製田樂味噌的蒟蒻田樂。該店在田樂味噌上費心加上香橙和辣椒粉，呈現出獨特的風味。香橙香味和辣椒的刺激辛辣味，博得讓人一吃上癮的好評。因為只需加熱事先備妥的田樂味噌和蒟蒻，所以能夠迅速出菜。

▶售價：640日圓（未稅）　▶供應期：全年

煮海鱔

蕎麥麵汁的味道和鬆軟的口感，讓煮海鱔成為人氣料理。收到點單後，用煮海鱔的煮汁、淋汁和白砂糖燉煮海鱔，慢慢煮至入味後提供。煮汁的底料是以蕎麥麵沾汁和白砂糖熬煮而成，該店還費心讓料理呈現蕎麥麵店的風味。另外隨附山椒粉佐味。

▶售價：1680日圓（未稅）▶供應期：全年

佃煮海鱔肝

該店在店內處理天婦羅用海鱔，並使用活海鱔肝自製這道佃煮料理。海鱔肝散發微苦的大人風味，和日本酒非常對味，許多顧客點單作為下酒菜。料理裝飾上青紫蘇葉和蔥白絲增添色彩。煮好的肝放入保存容器中，讓味道融合。

▶售價：680日圓（未稅）　▶供應期：全年

燙青菜

燙青菜是用當令蔬菜或山菜汆燙後提供，深得女性顧客的好評。圖中是冬季供應的燙菠菜。冬季除了菠菜外，還提供水芹、鴨兒芹根和細香蔥等。春季則推出玉簪芽、莢果蕨（Matteuccia struthiopteris）、蕨和山慈姑花等的山菜。浸漬液是使用烏龍麵用的沾汁，充分活用蕎麥麵店的風味。

▶售價：740日圓（未稅） ▶供應期：全年

味噌小黃瓜

這是該店研發使用自製田樂味噌的小菜。
小黃瓜佐配田樂味噌，能享受到「味噌小
黃瓜」的風味。與原醬（moromi）味噌
味道不同，這道料理既簡單，又能品嚐到
田樂味噌的美味，是店家推薦用來下酒的
人氣小菜。收到點單後能立即出菜，這點
也是它受歡迎的原因。

▶售價：550日圓（未稅）　▶供應期：全年

蛋煮豆腐皮

熱騰騰的湯汁中，豆腐皮和蛋融為一體
的雅致風味，使這道料理廣受歡迎。高
雅的煮豆腐皮和柔軟的蛋花無比合味，
深得女性顧客的歡心。研發這道料理的
初衷，是為了讓冬季點單變少的生豆腐
皮，也能不浪費的充分使用。

▶售價：880日圓（未稅） ▶供應期：全年

小雜煮（會津料理）

店主長谷川先生將故鄉福島會津的鄉土料理列入菜單中。用干貝熬煮高湯，以醬油調味。再放入芋頭、乾香菇、豆麩、木耳、粉條、胡蘿蔔和銀杏等菜料。午餐時，提供小雜煮和蕎麥麵、烏龍麵或涼麵任一種組合的套餐。

▶售價：480日圓（未稅）　▶供應期：全年

肉豆腐

這道是用蕎麥麵淋汁煮軟豬腹肉的暖和湯料理。它是將蕎麥麵、烏龍麵菜單中的「肉湯竹篩蕎麥麵」和「肉湯麵」變化成小菜所開發出的料理。菜料包括豬腹肉、豆腐、長蔥、蛋黃和鴨兒芹。不只在寒冷的冬季，在夏季也是被視為補充體力的菜色而受到歡迎。鮮美的淋汁也深受好評。

▶售價：1200日圓（未稅）　▶供應期：全年

燉牛腱

這是味道高雅的人氣燉牛腱。用蔥熬煮、味道清爽的高湯中,加入經過燉煮的牛腱鮮味。穠纖合度、餘韻無窮的美味,總讓人喝得碗底朝天。這道料理不論蕎麥麵或酒都適合搭配。牛腱肉1盤份提供150g的分量。

▶售價:780日圓(未稅)　▶供應期:全年

157

天婦羅（小型蝦二尾 · 海鱔 · 蔬菜三種）

這道人氣天婦羅料理，一盤能同時享受現炸的小型蝦、海鱔和當令蔬菜3種炸物。收到點單後，才從養魚槽中取出烹調。蝦子的胸足部分也清炸後加上。依照小型蝦、蔬菜和海鱔的順序現炸後提供。海鱔是使用35公分以下的小型海鱔。

▶售價：2400日圓（未稅）　▶供應期：全年

季節天婦羅

（魚白・黃瓜魚・蔬菜三品）

這道是提供季節海鮮和蔬菜的天婦羅。圖中是冬季的內容，包括太平洋鱈的魚白、黃瓜魚、蓮藕、南瓜和小洋蔥。黏稠如乳脂的魚白、表皮香酥，內裡軟嫩的黃瓜魚等，經過油炸後更能提引出食材的原味。

▶售價：2400日圓（未稅） ▶供應期：冬

蕎麥麵店的137道創新小菜

料理的材料和作法

以下將說明彩色頁中介紹的「蕎麥麵店的137道創新小菜」的食譜。

雖然沒有介紹沾汁、淋汁、基本醬汁和高湯的材料和作法，但請參考食譜靈活變通。

原＝原價率・原價
備＝準備時間
點＝點單後的提供時間

紅之滴（醃番茄）

▶ P.6

原 20%　備 1天　點 5分

材料（2盤份）

番茄（桃太郎番茄）	2個
大蒜	1瓣
醃漬液（使用白醬油的涼麵用淋汁）	350㎖
千壽蔥	適量
炸油（麻油7：綿籽油3）	適量
萬能蔥	適量

作法

● 準備

1 用刀在番茄前端切十字淺切口。

2 將1的蒂頭朝下放入沸水中煮一下。取出過冰水，瀝除水分。

3 從2的切口部分剝去番茄皮，用去蒂器去除蒂頭部分。

4 將3的番茄和切片大蒜裝入密封容器中，倒入剛好蓋過材料的醃漬液。冷藏醃漬一晚備用。

5 千壽蔥切絲，清炸到變色為止。

● 提供

6 收到點單，將4的番茄從醃漬液中取出，切八等份的切口。盛入容器中，淋上大量醃漬液。放上5和切碎的萬能蔥。

MEMO

選擇味道甜的番茄。將已泡熱水去皮的番茄，放入加大蒜的淋汁中浸漬一晚入味，不只融合整體味道，也能增加番茄的甜味。

馬鈴薯沙拉

▶ P.7

原 20%　備 1小時　點 3分

材料（10盤份）

馬鈴薯（中型・男爵馬鈴薯）	5個
培根	200g
小黃瓜	1根
胡蘿蔔	1/2根
玉米（粒・已加熱）	120g
鮮奶油	適量
鮮奶	適量
鹽	適量
黑胡椒	適量
綜合香草	適量
蕎麥種子	適量

作法

● 準備

1 馬鈴薯去皮切1㎝小丁，用微波爐等加熱變軟為止，壓碎。培根適度切丁，用平底鍋拌炒出油，剔除多餘的油。小黃瓜切圓片。胡蘿蔔適度切片。

2 馬鈴薯和培根趁熱和1的菜料及玉米混合，加鹽、黑胡椒和綜合香草調味。

3 鮮奶油和鮮奶以2：1的比例，一次少量慢慢加入2中混合，混成適當的軟硬度。

● 提供

4 將3盛入容器中，撒上炸過的蕎麥種子。

MEMO

小黃瓜和胡蘿蔔勿加熱，利用馬鈴薯和培根的餘溫加熱，讓食材保持適當的口感。

銀杏家常豆腐

• P.8

原 20%　點 1～2分

材料（1盤份）

絹豆腐	1/4塊
柴魚	適量
蘘荷	適量
長蔥	適量
萬能蔥	適量
油炸碎渣	適量
高湯（豆腐皮用高湯・市售品）	30ml

作法

1 在容器中放入豆腐，放上大量的柴魚、切圓片的蘘荷、長蔥、萬能蔥和油炸碎渣。容器中再倒入高湯。

> **MEMO**
>
> 這道不是經典的「醬油拌豆腐」，而是組合了大量調味料與高湯，以提升料理的魅力。使用蕎麥麵店風格的自製油炸碎渣也是著名的重點風味。高湯是使用京都「Nishikisoya（錦そや）」生產的「京豆腐高湯」。

夏季蔬菜凍

• P.9

原 20%　備 半天　點 5分

材料（1盤份）

千兩茄子	2/3條
炸油（麻油7：綿籽油3）	適量
和風高湯	
┌ 淋汁	50ml
│ 薑汁	1/2小匙
│ 白醬油	1小匙
└ 吉利丁	高湯整體的3%
迷你秋葵	4、5根
蘘荷	1個
固態裙帶菜萃取液（製品）	適量

作法

● 準備

1 千兩茄子縱長分切成8等份，用180℃的油約清炸30秒。

2 製作和風高湯。將淋汁、生薑汁和白醬油混合煮沸，加入吉利丁煮融。

3 趁 2 還熱，加入現炸的 1，用冰水稍微降溫，放入冷藏庫使其凝固。

4 迷你秋葵用鹽充分揉搓，用水汆燙。蘘荷切薄片，放入水中充分浸泡。

● 提供

5 收到訂單後，將 3 弄碎放入大碗中，加上 4 的迷你秋葵和蘘荷調拌。

6 將用水浸泡過的固態裙帶菜萃取液鋪入容器中，再放上 5。

> **MEMO**
>
> 減少加入和風高湯中的吉利丁分量，只需高湯剛好凝固即可，多花點工夫增進口感。凍和蔬菜類會出水，收到訂單後再調拌。

加茂茄田樂燒

• P.10

原 30%　點 15分

材料（1盤份）

加茂茄（僅使用中心厚的部分。1個可取3盤份）	1/3個
田樂味噌（芝麻醬、西京味噌、淋汁和砂糖以等比例混合，加入適量的辣椒粉）	適量
炸油（麻油5：綿籽油5）	適量
蕎麥種子	適量

作法

1 將加茂茄子中央較厚的部分切成1.5cm寬。上面用刀劃出厚度約1/3的格子狀切口。

2 用180℃的油清炸1約3分鐘。炸到茄子表面適度上色，用筷子能迅速插入的熟度。

3 在切花面上大量塗抹田樂味噌，盛入容器中。撒上炸過的蕎麥種子。

> **MEMO**
>
> 鑲餡的加茂茄子上先切花，讓裡面充分炸透。食用時筷子能迅速刺穿，很容易食用。

海鱔魚凍

• P.11

原 35% 備 1天 點 5分

材料（12盤份）

海鱔魚	6條
煮汁	
┌ 酒	500㎖
│ 味醂	1ℓ
│ 薄味醬油	150㎖
└ 水	1650㎖
薑絲	大塊2塊份
水（調整煮汁用）	適量
吉利丁	16g
鴨兒芹莖	適量
胡蘿蔔	適量
青芥末	適量

作法

● 準備

1 清理活海鱔魚。魚皮面朝上放置，澆淋熱水，用刀背刮除黏液，用剪刀剪除背鰭和腹鰭。

2 在鍋裡放入煮汁的材料，用大火加熱煮沸。加入**1**的海鱔和薑絲，最初用大火煮。浮出浮沫雜質後撈除，直到沒有浮沫雜質後，從中火轉小火約燉煮2小時。煮汁煮到不到一半後，熄火靜置一晚備用。

3 隔天從煮汁中取出鱔魚和薑絲，在活動式方型模中鋪滿鱔魚，上面放上薑絲。

4 將**2**的煮汁一面調整味道，一面加水至1ℓ，倒入小鍋中，加熱煮沸再撈除浮沫後熄火。加吉利丁，趁熱過濾，倒入**3**的活動式方型模中。涼至微溫後放入冷藏庫使其凝固。

● 提供

5 將**4**切成適當的大小，盛入容器中。裝飾上鴨兒芹莖、用模型切割、用水汆燙過的胡蘿蔔，再佐配青芥末。

> **MEMO**
> 使用活海鱔魚製作味道更棒。魚肉事先仔細處理，煮時勤於撈除浮沫，才不會有魚腥味。

酒蒸蛤仔冷盤

• P.12

原 35% 備 2小時 點 5分

材料（1盤份）

蛤仔（大顆的）	20個
日本酒	100㎖
淋汁	100㎖
白高湯	2大匙
薑泥	1小匙
芽蔥	適量
香橙皮	適量

作法

● 準備

1 蛤仔吐好沙備用，確實洗淨後放入深鍋中。加入日本酒和淋汁完全覆蓋蛤仔。加白高湯和薑泥後加熱煮沸。蛤仔口打開後熄火。

2 用冰水連鍋帶料急速冷卻，為避免蛤仔肉變硬，加蓋備用。涼至微溫後放入冷藏庫保存。

● 提供

3 收到點單後，將**2**的蛤仔和煮汁盛入容器中。放上切小截的芽蔥和香橙皮。

> **MEMO**
> 貝類加熱太久，蛤肉會變硬。酒蒸後，立刻連鍋用冰水急速冷卻涼至微溫，讓蛤肉保持柔軟富彈性的口感。

合鴨治部煮

• P.14

原 35% 點 15分

材料（1盤份）

合鴨里肌肉	4片
片栗粉	適量
沾汁	適量
馬鈴薯泥（去皮切成1㎝小丁的馬鈴薯用微波爐加熱直到變軟，碾碎後加奶油和鮮奶油，調拌成適當的硬度）	50g
獅子辣椒	3根
黃芥末	適量

作法

1 合鴨里肌肉切薄片。表面拍上薄薄的片栗粉，用沾汁約煮3分鐘至肉熟透。

2 用微波爐加熱馬鈴薯泥。清炸獅子辣椒。

3 將**1**連同煮汁放入容器中，加上**2**的馬鈴薯泥和獅子辣椒，再放上黃芥末。

> **MEMO**
> 先花工夫將合鴨里肌肉切薄片，收到點單後才能迅速烹調，縮短作業的時間和成本。

烤雞

→ **P.15**

原 35%　點 15分

材料（1盤份）

雞腿肉·······························1/2片
千壽蔥·······························1根
麻油·································適量
藻鹽·································適量
細蔥·································適量

作法

1 雞腿肉切成一口大小。千壽蔥斜切小截。
2 在平底鍋中淋上許多麻油，用大火煎烤雞腿肉。兩面充分煎烤後，加藻鹽調味。加入千壽蔥，加熱至變軟為止。
3 在容器中盛入 **2**，撒上切碎的細蔥。

MEMO

考慮到讓蔥吸收麻油，油多加一些。千壽蔥很容易熟，所以雞肉熟透後再加入蔥迅速拌炒。

牡蠣排

→ **P.16**

原 45%　點 15分

材料（1盤份）

生牡蠣（岩手縣廣田灣產）···········4個
低筋麵粉·······························適量
麻油·································適量
鹽···································適量
黑胡椒·······························適量
綜合香草·······························適量
長蔥·································適量
細蔥·································適量
醋橘·································1/2個

作法

1 在平底鍋倒入大量麻油加熱，放入表面沾了低筋麵粉的生牡蠣，一面不時搖晃平底鍋，一面用大火煎烤，留意別煎焦。煎至上色後上下翻面，撒上鹽、黑胡椒和綜合香草，轉小火充分煎到裡面熟透。上色後再次翻面，煎至表面酥脆為止。
2 在別的平底鍋中倒入大量麻油，放入斜切的長蔥拌炒。加鹽、黑胡椒和綜合香草調味。
3 在容器中放上 **1**，上面放上 **2**。放上大量切碎的細蔥，一旁放上醋橘。

MEMO

牡蠣釋出的水分會使麵衣表面變軟，多花點時間充分煎烤，直到外側煎至酥脆。

牡蠣天婦羅

→ **P.17**

原 45%　點 15分

材料（1盤份）

牡蠣·································4個
伏見辣椒·······························1根
金時胡蘿蔔·······························適量
慈菇·································1個
低筋麵粉·······························適量
天婦羅麵衣·······························適量
炸油·································適量
藻鹽·································適量
醋橘·································1/2個

作法

1 在牡蠣上沾上低筋麵粉，再裹上天婦羅麵衣，用180℃的油油炸。在油中放入牡蠣，讓溫度降至175℃，保持這個溫度慢慢炸5分鐘後。最後讓溫度升至180℃，將麵衣炸至酥脆。炸到沒有細泡冒出，某程度上色後從油中撈出。
2 在伏見辣椒、金時胡蘿蔔和慈姑上沾上低筋麵粉，再裹上天婦羅麵衣，放入175～180℃的油中炸1～2分鐘。
3 在容器中盛入 **1** 和 **2**。撒上藻鹽，放上醋橘。

MEMO

從牡蠣釋出的精華液會混入油中，請準備牡蠣專用鍋，和其他的炸物分開油炸。

▶『銀杏』的天婦羅

【天婦羅麵衣】
將蛋、水和低筋麵粉放入冷藏庫冰涼備用，收到點單後才混合製作麵衣。店家表示薄沾上較濃稠的麵衣，食材炸至酥脆時裡面才不會滲入油。

【炸油】
將麻油和綿籽油以7:3的比例混合。使用高級油品，注意氧化問題，油每天更換。

【鹽】
天婦羅撒上基本鹽後提供。該店直接採購長崎產藻鹽「一支國的鹽」（Nakahara公司）使用。因顆粒粗，不適合沾著吃，所以撒上後提供。

炸什錦天婦羅

→ **P.18**

原 30% 點 10分

材料（1盤份）

鴨兒芹莖 ·························· 1把份
釜揚櫻花蝦 ······················ 20g
天婦羅麵衣 ······················ 3大匙
炸油 ···························· 適量
藻鹽 ···························· 適量

作法

1. 鴨兒芹莖汆燙後過水，瀝除水分。
2. 在鋼盆中放入釜揚櫻花蝦，加入天婦羅麵衣後混勻。
3. 在175～180℃的油中，一口氣倒入 ② 的麵糊。用鐵籤從上敲打般讓麵糊薄薄延展開。最後讓其分成一口大小的塊狀。
4. 在容器中重疊盛入 ③。撒上藻鹽後提供。

MEMO

天婦羅麵衣只要能裹住餡料程度的少量即可。一面油炸，一面讓材料薄薄延展開，再弄碎成為一口大小。整體都很酥脆，女性也容易食用。

季節蔬菜天婦羅

→ **P.19**

原 30% 點 10分

材料（1盤份）

慈姑 ···························· 1個
山藥零餘子※ ······················ 1個
蘘荷 ··························· 1/2條
小洋蔥 ·························· 1個
玉米筍 ·························· 1根
南瓜 ···························· 適量
安納芋 ·························· 適量
舞茸 ···························· 適量
大鴻禧菇 ························ 1根
鮑魚菇 ·························· 適量
香菇 ···························· 適量
胡蘿蔔 ·························· 1塊
金時胡蘿蔔 ······················ 1塊
茄子 ··························· 1/2個
甜椒（紅） ······················ 適量
伏見辣椒 ························ 1根
獅子辣椒 ························ 1根
天婦羅麵衣 ······················ 適量
炸油 ···························· 適量
藻鹽 ···························· 適量

※山藥零餘子：山藥藤莖部分腋生的珠芽

作法

1. 慈姑去皮。山藥零餘子用微波爐加熱。其他的蔬菜類切成適當大小。
2. 將 ① 的蔬菜類沾上天婦羅麵衣後油炸。用175～180℃的油油炸。
3. 在容器中盛入 ②，撒上藻鹽後提供。

MEMO

蔬菜類的組合還考慮到最後呈現的顏色，沾上薄麵衣油炸後，外觀也很漂亮。

烤茄生火腿捲

→ **P.21**

原 20% 備 15分 點 5分

材料（1盤份）

茄子（中） ······················ 1根
醃漬液
　┌ 淋汁 ························ 適量
　└ 水 ·························· 適量
生火腿 ························ 15～16g
辣椒絲 ·························· 適量
菊花 ···························· 適量
毛豆 ···························· 適量

作法

● 準備

1. 茄子連皮用直火烤過。用手剝去外皮。
2. 淋汁和等比例的水混合，放入小鍋中加熱，放入 1 醃漬。放涼後裝入保存容器中，放入冷藏庫保存備用。

● 提供

3. 收到點單後，將 ② 的茄子從醃漬液中取出，切掉前端細的部分，橫切三等份，再縱向切半。
4. 配合茄子的寬度，將生火腿切細長條。
5. 用4的生火腿捲包 ③ 的茄子。
6. 在容器中盛入 ⑤，裝飾上辣椒絲、汆燙過的菊花和汆燙過的毛豆。

MEMO

活用蕎麥麵用的淋汁來醃漬茄子。考慮到組合的生火腿的鹹味等，淋汁先用水稀釋讓味道變淡備用。

烤洋蔥佐橙味醬油

• P.22

原 20%　點 7分

材料（1盤份）

洋蔥	1個
橙味醬油	適量
柴魚	適量
海苔	適量
萬能蔥	適量

作法

1. 洋蔥去皮，切除前端部分。
2. 以直火燒烤①的表面，讓表面上色。
3. 用保鮮膜包好②，放入微波爐約加熱4～6分鐘，讓裡面熟透。
4. 拿掉③的保鮮膜，分切四等份，盛入容器中。淋上橙味醬油，放上柴魚、用手撕碎的海苔和萬能蔥花。

MEMO

花工夫以整顆洋蔥烹調，使這道料理令人印象深刻。除了洋蔥和橙味醬油外，還活用柴魚、海苔等蕎麥麵店的基本食材，這樣能防止浪費食材，同時還能降低價格。

醋拌什錦菇

• P.23

原 20%　備 10分　貼 2～3分

材料（1盤份）

菇類（鴻禧菇、舞茸、金針菇、珍珠菇、白木耳、黑木耳等）	適量
醃漬液	
┌ 淋汁	適量
水	適量
└ 白醬油	少量
白蘿蔔泥	50g
土佐醋＊	適量
鴨兒芹	1枝
菊花	適量

＊土佐醋
材料（1次的準備量）

濃味醬油	2（比例）
苦橙醋	1（比例）
柴魚	20g

作法

● 準備

1. 菇類切除根部，分小株。白木耳、黑木耳等乾貨菇類泡水回軟，適度切碎。
2. 在小鍋裡放入等比例的淋汁和水，加白醬油調淡味。加入①稍微煮一下。
3. 將②裝入保存容器中，涼至微溫後冷藏保存備用。
4. 製作土佐醋。濃味醬油和苦橙醋以2：1的比例混合成810mℓ，和柴魚一起放入鍋裡。加熱煮沸一下後熄火，放涼後過濾。裝入保存容器中放入冷藏庫保存。

● 提供

5. 收到點單後，將③連同醃漬液盛入容器中（醃漬液1盤份200g）。放上白蘿蔔泥，淋上④的土佐醋，裝飾上打結的鴨兒芹和汆燙過的菊花。

炸馬鈴薯

• P.24

原 20%　貼 6分

材料（1盤份）

馬鈴薯（中）	1個
沙拉油	適量
咖哩鹽（市售咖哩粉中混入鹽）	適量

作法

1. 收到點單後，將馬鈴薯洗去污泥，用刨刀削皮。切成八等份。
2. 將①放入175℃的沙拉油中清炸。用中火約炸5～6分鐘，馬鈴薯浮起後即撈起。
3. 在容器中盛入②，附上咖哩鹽。

章魚南蠻漬

→ **P.25**

原 20%　備 10分　點 5分

材料（1盤份）

章魚（水煮過）⋯⋯⋯⋯⋯⋯⋯⋯90g
炸粉（市售品）⋯⋯⋯⋯⋯⋯⋯適量
沙拉油⋯⋯⋯⋯⋯⋯⋯⋯⋯⋯⋯適量
蔬菜類（加入少量切絲的洋蔥和胡蘿
蔔、少量的切小截辣椒）⋯⋯⋯10g
高湯（用柴魚熬煮的第二道高湯）⋯適量
米醋⋯⋯⋯⋯⋯⋯⋯⋯⋯⋯⋯⋯適量
味醂⋯⋯⋯⋯⋯⋯⋯⋯⋯⋯⋯⋯適量
甜醋漬蘘荷⋯⋯⋯⋯⋯⋯⋯⋯1/2個
辣椒絲⋯⋯⋯⋯⋯⋯⋯⋯⋯⋯⋯適量

作法

● 準備

1 章魚切成一口大小，充分沾裹炸粉，冷凍保存備用。

2 高湯、米醋和味醂，以6：1.5： 1的比例混合，倒入小鍋中，加入蔬菜類煮沸一下。熄火，涼至微溫後裝入保存容器中，冷藏保存備用。

● 提供

3 收到點單後，將1用175℃的沙拉油炸至酥脆。

4 用2的醃漬液（10㎖份）調拌3，盛入容器中。再放上2的蔬菜，裝飾上甜醋漬蘘荷和辣椒絲。

> **MEMO**
>
> 章魚沾上大量炸粉備用，冷凍之後容易一個個取用，用南蠻醋調拌時，麵衣也不易脫落。除了用章魚外，也可以改用日本銀帶鰶、竹筴魚等季節小魚製作。

岩鹽燒稚雞

→ **P.26**

原 20%　備 90分　點 5分

材料（1盤份）

雞腿肉⋯⋯⋯⋯⋯⋯⋯⋯⋯⋯⋯1片
豬油⋯⋯⋯⋯⋯⋯⋯⋯⋯⋯⋯⋯適量
鹽⋯⋯⋯⋯⋯⋯⋯⋯⋯⋯⋯⋯⋯適量
黑胡椒⋯⋯⋯⋯⋯⋯⋯⋯⋯⋯⋯適量
水菜⋯⋯⋯⋯⋯⋯⋯⋯⋯⋯⋯⋯適量
義大利巴西里⋯⋯⋯⋯⋯⋯⋯⋯適量
菊花⋯⋯⋯⋯⋯⋯⋯⋯⋯⋯⋯⋯適量
辣椒絲⋯⋯⋯⋯⋯⋯⋯⋯⋯⋯⋯適量
炸蒜片⋯⋯⋯⋯⋯⋯⋯⋯⋯⋯⋯適量
檸檬⋯⋯⋯⋯⋯⋯⋯⋯⋯⋯⋯⋯適量
柚子胡椒⋯⋯⋯⋯⋯⋯⋯⋯⋯⋯適量

作法

● 準備

1 雞腿肉用65～75℃的豬油炸1小時。連同豬油裝入保存容器中，冷藏保存備用。

● 提供

2 收到點單後，將1的雞腿肉從豬油中撈出，用平底鍋煎烤皮面，直到裡面變熱。加鹽和黑胡椒調味，切成一口大小。

3 在容器中盛入2，裝飾上水菜、義大利巴西里、菊花、辣椒絲和炸蒜片。再放上檸檬、柚子胡椒。

> **MEMO**
>
> 雞肉以低溫長時間慢慢油炸並油封保存，完成後肉質濕潤、柔軟。若直接浸漬在作為炸油的豬油中，徹底避免接觸空氣冷藏保存，約可保存1個月。

雞肉叉燒

→ **P.27**

原 20%　備 20分　點 2分

材料（6盤份）

雞腿肉⋯⋯⋯⋯⋯⋯⋯⋯⋯⋯⋯2片
蕎麥麵用基本醬汁⋯⋯⋯⋯⋯108㎖
水⋯⋯⋯⋯⋯⋯⋯⋯⋯⋯⋯⋯108㎖
中式萬能調味料（清高湯為底）⋯⋯5g
葉菜⋯⋯⋯⋯⋯⋯⋯⋯⋯⋯⋯⋯適量
蔥白絲⋯⋯⋯⋯⋯⋯⋯⋯⋯⋯⋯適量
柚子胡椒⋯⋯⋯⋯⋯⋯⋯⋯⋯⋯適量

作法

● 準備

1 將基本醬汁、水和中式華萬能調味料混合，放入雞腿肉煮沸一下，直接放涼。

2 將1的雞腿肉從煮汁中撈出，輕敲肉塊使其延展，捲成筒狀。用鋁箔紙捲包，放入蒸鍋約蒸16分鐘。

3 待2涼了之後，放入冷藏庫一晚。

● 提供

4 收到點單後，將3切片，盛入容器中。放上葉菜、蔥白絲和柚子胡椒。

> **MEMO**
>
> 雞肉稍煮調味後再蒸，完成後肉質柔軟。加熱後冷藏保存的話，約可保存1週時間。

鵝肝白蘿蔔排

• **P.28**

原 30%　備 30分　點 5分

材料（1盤份）

白蘿蔔	120g
淋汁	適量
水	適量
鵝肝	30g
低筋麵粉	適量
太白麻油	適量
基本醬汁（鵝肝調味用）	10mℓ
長蔥	適量
油菜花	適量
黃芥末	適量

作法

●準備

1 白蘿蔔切厚圓片，表面劃切口。用洗米水煮到用竹籤能迅速刺穿為止。

2 用等比例的淋汁和水混合成的煮汁，約煮白蘿蔔10分鐘使其入味。從煮汁中撈出白蘿蔔，放涼後盛入保存容器中，放入冷藏庫保存備用。

●提供

3 收到點單後，將2的白蘿蔔用微波爐加熱，放入加了太白麻油的平底鍋中，將表面煎至上色。

4 在鵝肝表面拍上薄薄的低筋麵粉，放入不再加油的平底鍋中，將兩面煎至上色。去除多餘的油，用基本醬汁調味。

5 在容器中盛入3和4，加上烤蔥、汆燙的油菜花。淋上4的平底鍋中剩餘的醬汁，再放上黃芥末。

MEMO

費心活用淋汁調味，以呈現蕎麥麵店的風味。煎鵝肝時，平底鍋中不再加油，並去除多餘的油。另一方面，煎白蘿蔔要加入麻油，以增添厚味與風味。

蕎麥糕鵝肝

• **P.29**

原 20%　點 5分

材料（1盤份）

蕎麥糕※	
┌ 蕎麥粉（手磨粉）	50g
└ 水	130g
迷你番茄	1個
四季豆	適量
鵝肝	30g
鴻禧菇	適量
基本醬汁	適量
牛蒡乾	適量

※蕎麥糕：以蕎麥粉製作，狀如粿或麵疙瘩的料理

作法

1 迷你番茄泡熱水去皮。四季豆汆燙後備用。

2 在已加熱的平底鍋中放入鵝肝，以中火煎烤。鵝肝開始熟後，弄出空間放入鴻禧菇拌炒，整體淋上基本醬汁調味。

3 製作蕎麥糕。在小鍋裡放入水和蕎麥粉混合，開火加熱。用杓子攪拌，以大火如讓空氣混入般一口氣攪勻煮熟。

4 在容器中盛入3，上面再放上2的鵝肝。在周圍裝飾上蔬菜，將平底鍋剩餘下的醬汁均勻淋在蕎麥糕上。

MEMO

使用匈牙利產的鵝肝。近來，鵝肝也出現在家庭餐廳等的菜單中，逐漸成為身旁的食材，在此轉變為蕎麥麵店的風格，。

馬舌排

• **P.30**

原 35%　備 5分　點 7分

材料（1盤份）

馬舌	50g
鹽・胡椒	適量
醬料＊	適量
沙拉蔬菜（水菜、胡蘿蔔、紫洋蔥、彩色甜椒）	適量

＊醬料材料（10盤份）

洋蔥	90g
醬油	180mℓ
味醂	18mℓ
黑胡椒	適量

作法

●準備

1 製作醬料。在食物調理機中放入切碎的洋蔥，攪打變細滑為止。

2 在小鍋裡放入1、醬油、味醂和黑胡椒加熱，煮沸一下後熄火，放涼後裝入保存容器中，放入冷藏庫保存。

●提供

3 將馬舌肉塊分切約6片，在單面劃格子狀切花。加鹽和胡椒後，用平底鍋煎一下。在容器中鋪上沙拉蔬菜，盛入煎好的馬舌，從上淋上2的醬料。

河豚天婦羅
• **P.31**

原 至少30%　點 5分

材料（1盤份）
河豚（魚片）	1尾
青紫蘇葉	1片
銀杏	2個
低筋麵粉	適量
天婦羅麵衣	適量
炸油	適量
辣味蘿蔔醬	適量
檸檬	適量

作法
1. 河豚以三片切法分切。
2. 在①的表面拍上薄薄一層低筋麵粉，薄沾上天婦羅麵衣。
3. 用180℃的油將②炸1分半～2分鐘。
4. 青紫蘇葉和銀杏分別沾上麵衣，用180℃的油油炸一下。
5. 在容器中盛入③和④，加上辣味蘿蔔醬、檸檬和天婦羅醬汁。

▶『玄治』的天婦羅

【天婦羅麵衣】
低筋麵粉和蛋水以1：2的比例製成稀麵衣。蛋水的水和蛋的比例為1ℓ：1個。基本上是能看見食材的薄麵衣。

【炸油】
沙拉油和太白麻油以2：1的比例混合。香味適中，能炸出清爽的風味。油每天更換。

【天婦羅醬汁】
第一道高湯、薄味醬油和味醂，以9：1：1的比例混合製作。

北海天婦羅
• **P.32**

原 至少30%　點 5分

材料（1盤份）
干貝	1個
牡蠣（蒸過的）	1顆
柳葉魚	1尾
狹鱈（Theragra chalcogramma）	1片
大眼牛尾魚（Suggrundus meerdervoortii）	1尾
蝦	1尾
烏賊	1片
鮭魚	1片
茄子	適量
茼蒿	適量
迷你番茄	1個
低筋麵粉	適量
天婦羅麵衣	適量
炸油	適量
辣味蘿蔔醬	適量
檸檬	適量
天婦羅醬汁	適量

作法
1. 材料分別事先處理。為避免迷你番茄油炸時爆裂，先用鐵籤等在皮上刺洞備用。
2. 將①的材料分別拍上薄薄一層低筋麵粉，再薄沾上天婦羅麵衣，從較不易熟的食材依序放入175℃的油中油炸。
3. 在容器中盛入②，佐配辣味蘿蔔醬、檸檬和天婦羅醬汁。

MEMO
採用干貝、鮭魚等食材季節食材更添魅力。為了能透見食材，油炸時，麵衣儘量沾裹得薄一點。

酒蒸蔬菜佐和風熱醬汁
• **P.34**

原 27%　備 30分　點 10分

材料（1盤份）
A

長蔥、馬鈴薯、紅蕪菁、紫紅薯、南瓜、紅色白蘿蔔、綠花椰菜、橙色花椰菜、金時胡蘿蔔、香菇………各1塊

B

白菜、水菜、金針菇	各適量
日本酒	適量
和風熱醬汁＊	50mℓ

＊和風熱醬汁
材料（10盤份）
大蒜（切半）	70g
洋蔥（切大塊）	70g
鮮奶	180mℓ
昆布柴魚高湯	100mℓ
鯷魚	35g
橄欖油	70mℓ
薄味醬油	適量

作法
● 準備
1. 製作和風熱醬汁。在鍋裡放入大蒜、洋蔥、鮮奶和昆布柴魚高湯加熱，將大蒜和洋蔥煮到變軟為止。
2. 取出大蒜和洋蔥，加鯷魚和橄欖油，用果汁機攪打成糊狀後，倒回鍋裡，煮沸一下後加薄味醬油調味，涼至微溫後放入冷藏庫保存。

● 提供
3. A和B的蔬菜分別切成易食用的大小備用。
4. 在砂鍋裡放入A的蔬菜，倒入日本酒，加蓋，用微波爐加熱5分鐘。
5. 加熱②的和風熱醬汁，倒入容器中，送至客席。
6. 在④中加入B的蔬菜加熱，煮沸後送至客席。

MEMO
蔬菜以根菜為中心，葉菜也很豐富，依時間差加熱，以充分展現蔬菜的原味。用微波爐將根菜加熱變軟後，加入葉菜再加熱，以保有清脆的口感。

酪梨干貝美乃滋醬油燒
→ **P.35**

原 35%　點 15分

材料（1盤份）

酪梨‥‥‥‥‥‥‥‥‥‥‥‥‥‥1/2個
小干貝‥‥‥‥‥‥‥‥‥‥‥‥‥‥4個
濃味醬油‥‥‥‥‥‥‥‥‥‥‥‥適量
自製美乃滋（蛋、醋、砂糖、鹽、薄味
醬油和白味噌充分混合，一面攪拌，一
面慢慢加入太白麻油使其乳化）‥適量
香草麵包粉‥‥‥‥‥‥‥‥‥‥適量

作法

1 酪梨切半剔除種子。用鋁箔紙製作烤
盤，擺放上酪梨，再用明火烤箱
（Salamandre）乾烤兩面。
2 小干貝水煮後瀝除水分，抹上濃味醬
油，填入酪梨的凹洞中。a
3 在2上放入大量自製美乃滋，撒上香
草麵包粉。用明火烤箱將表面烤至上
色為止，盛入容器中。

a

MEMO
使用完熟的酪梨。酪梨加熱後，口感
會會變得如乳脂般綿軟濃稠。

基本醬汁醃鴨肉
→ **P.36**

原 26%　備 30分　點 1分

材料（10盤份）

鴨腿肉（一片肉）‥‥‥1kg（2～4片）
鹽‥‥‥‥‥‥‥‥‥‥‥‥‥‥‥適量
黑胡椒‥‥‥‥‥‥‥‥‥‥‥‥‥適量
基本醬汁‥‥‥‥‥‥‥‥‥‥‥‥適量
萬能蔥（切蔥花）‥‥‥‥‥‥‥適量
蔥白絲‥‥‥‥‥‥‥‥‥‥‥‥‥適量

作法

● 準備
1 鴨腿肉撒上鹽和黑胡椒，用明火烤箱
烘烤兩面，斟酌火力烤至五分熟程
度。
2 烤好後放涼放入冷藏庫中。肉硬至某
程度後切薄片冷藏保存。

● 提供
3 在容器中盛入2，抹上基本醬汁，散
放上萬能蔥，再放上蔥白絲。

MEMO
因南蠻鴨肉蕎麥麵中也有使用，所以
鴨肉烤好後切片備用。為了烤出豐潤
多汁的鴨肉，勿烘烤過度，以免肉質
變得乾柴。

高湯佐歐姆蛋
→ **P.37**

原 22%　點 5分

材料（1盤份）

蛋‥‥‥‥‥‥‥‥‥‥‥‥‥‥‥2個
淋汁‥‥‥‥‥‥‥‥‥‥‥‥‥‥20mℓ
鹽‥‥‥‥‥‥‥‥‥‥‥‥‥‥1小撮
沙拉油‥‥‥‥‥‥‥‥‥‥‥‥‥適量
八方芡汁＊‥‥‥‥‥‥‥‥‥‥20mℓ
萬能蔥（切蔥花）‥‥‥‥‥‥‥適量

＊八方芡汁
材料（比例）

昆布柴魚高湯‥‥‥‥‥‥‥‥‥‥‥9
薄味醬油‥‥‥‥‥‥‥‥‥‥‥‥‥1
日本酒‥‥‥‥‥‥‥‥‥‥‥‥‥‥1
味醂‥‥‥‥‥‥‥‥‥‥‥‥‥‥‥1
片栗粉水‥‥‥‥‥‥‥‥‥‥‥‥適量

作法

1 蛋打散，加淋汁和鹽混合。
2 在平底鍋中加熱沙拉油，倒入1的蛋
液迅速攪拌混合，蛋半熟後，利用鍋
邊將外形修整成歐姆蛋狀，盛入容器
中。
3 製作八方芡汁。在昆布柴魚高湯中加
薄味醬油、日本酒和味醂混合加熱，
煮沸後以片栗粉水薄薄勾芡。
4 在2上淋上3，再撒上萬能蔥。

MEMO
歐姆蛋完成後，表面會變細滑，裡面
膨脹隆起，為避免加熱過度，要迅速
完成。先製作八方芡汁備用，提供時
只要加熱，就能縮短時間。

酒糟起司

• P.38

原 22%　備 30分　點 2分

材料（便於製作的分量）

奶油起司 ································ 1kg
大吟釀酒糟 ····················· 500g
杏仁 ··································· 30g
腰果 ··································· 30g
鹽 ·································· 2小匙
青紫蘇葉 ··························· 適量
蘇打餅乾 ··························· 適量

作法

● 準備
1 讓奶油起司和酒糟回到常溫備用。
2 杏仁和腰果乾煎後剁碎。
3 將奶油起司和酒糟攪拌混合，加入2
和鹽混合。
4 分成一盤40g的小份備用。

● 提供
5 在容器中鋪入青紫蘇葉，盛入4，加
上蘇打餅乾。

> **MEMO**
> 奶油起司和酒糟混合變細滑前，先讓
> 它們回到常溫。冬季氣溫低時，也可
> 以一面隔水加熱，一面攪拌混合。

日向雞肝醬

譯註：「日向」為品牌名稱
• P.39

原 23%　備 3小時　點 2分

材料（便於製作的分量）

肝（連心）························· 2kg
洋蔥（切片）······················ 1kg
煮汁
┌ 昆布柴魚高湯 ··············· 300㎖
│ 日本酒 ······················ 200㎖
│ 醬油 ························· 100㎖
│ 砂糖 ·························· 100g
└ 大蒜（切大塊）················· 少量
奶油 ································ 250g
威士忌 ···························· 100㎖
蘇打餅乾 ··························· 適量

作法

● 準備
1 雞肝連心一起使用。仔細清除油脂和
血管，用加醋的熱水汆燙。煮沸後火
轉小，撈除浮沫。浮沫雜質浮出後用
流水清洗。
2 在鍋裡放入1和洋蔥，加入煮汁的材
料後加熱，熬煮到煮汁變少為止。
3 熄火後，加奶油和威士忌充分混合，
讓奶油融合。
4 將3放入食物調理機中攪打變細滑
後，倒入鋼盆等中，蓋上保鮮膜，放
入冷藏庫使其凝固。
5 冷藏凝固後，分成1盤40g的小份，
用保鮮膜包好。

● 提供
6 提供時拿掉保鮮膜，和蘇打餅乾一起
盛入容器中。

> **MEMO**
> ・汆燙時加醋，以去除肝的腥臭味。
> 　汆燙後充分泡水清洗，注意勿殘留
> 　醋。
> ・肝醬約可保存1週時間。一次製作
> 　大分量，也能分小份冷凍保存。

卡帕尼蕎麥肉凍

• P.40

原 約150日圓（1盤份）　備 1日　點 5分

材料（磅蛋糕模型1個份）

豬腹肉（塊）······················ 500g
鹽（肉重量的2%）··············· 10g
黑胡椒······························ 少量
蕎麥糕
┌ 蕎麥粉（全層粉※）········· 110g
└ 淋汁 ························· 220㎖
白蔥（粗切末）···················· 適量
長棍麵包 ··························· 適量

※全層粉：以蕎麥的薄膜、表層、中層和最內
層碾成的蕎麥粉。

作法

● 準備
1 豬腹肉塊直接用鹽和黑胡椒充分揉
搓，用保鮮膜包好放入冷藏庫靜置一
晚備用。
2 將1的豬肉切成約5mm大小的小丁。
3 製作蕎麥糕。蕎麥粉中加入淋汁，一
面加熱，一面攪拌混合。
4 將2的豬肉放入鐵氟龍加工的平底鍋
中，加入涼至微溫的蕎麥糕和佐料白
蔥充分混合。
5 在鐵氟龍加工的磅蛋糕模型中，密實
地填入4，用保鮮膜密封，以微火隔
水加熱約1小時。
6 若表面隆起後熄火，模型泡著熱水直
接慢慢放涼。
7 涼至室溫後，放入冷藏庫保存。

● 提供
8 提供時，切成1盤約40g盛入容器
中，附上長棍麵包。

> **MEMO**
> ・因為蕎麥已無香味，所以加入極少
> 　量的黑胡椒。最好儘量不加防腐
> 　劑，因為用手揉搓肉塊，就能取代
> 　防腐劑。
> ・使用鐵氟龍加工的平底鍋混合，蕎
> 　麥糕不易沾黏，也容易烹調。
> ・肉凍冰涼期間，表面會浮現豬油。
> 　表面覆蓋這層油脂能延長保存期
> 　限。完成後，雖然隔天就能使用，
> 　不過完成後過了3天～1週時間會
> 　較美味。味道穩定後，會散發出熟
> 　成的鮮味。

福花風味蕎麥糕
• **P.41**

原 約15% 點 10分

材料（1盤份）
蕎麥粉 ······························ 60g
水 ······························ 120mℓ
八方芡汁（參照「高湯歐姆蛋」）
······························ 70mℓ
海苔絲 ······························ 適量
萬能蔥（切蔥花） ··········· 適量
青芥末 ······························ 適量

作法
1 用水充分溶解蕎麥粉，用小火加熱迅速攪拌混合。
2 在容器中盛入①，淋上熱的八方芡汁，撒上海苔絲和萬能蔥。另外附上青芥末後提供。

MEMO
用水仔細混合溶解蕎麥粉，這樣才容易攪拌變得細滑。準備熱的八方芡汁。

東中神蕎麥麵可樂餅
• **P.42**

原 32% 備 60分 點 10分

材料（50～60個份）
綜合絞肉 ···························· 1kg
長蔥（粗切末） ················· 1kg
蕎麥麵（生） ····················· 1kg
A
┌ 砂糖 ···························· 4大匙
│ 鹽 ······························ 4小匙
│ 酒 ···························· 150mℓ
│ 濃味醬油 ······················ 70mℓ
└ 味醂 ···························· 70mℓ
B
┌ 低筋麵粉 ······················ 50g
│ 片栗粉 ························· 50g
│ 蛋 ······························ 2個
│ 薑泥 ···························· 適量
└ 黑胡椒 ························· 少量
低筋麵粉、蛋汁、麵包粉 ····· 各適量
炸油 ······························ 適量
醬油 ······························ 適量

作法
● 準備
1 在大鍋裡放入綜合絞肉拌炒，熟透後去除多餘的油脂，加長蔥混合拌炒，再加入A的材料熬煮。煮到水分變少後離火，放涼。
2 涼了之後，在①中加入B的材料充分混合。
3 蕎麥麵撕碎水煮後，過冰水使其緊縮，瀝除水分。
4 在②中混入③，取適量修整成圓盤形，陸續沾上低筋麵粉、蛋和麵包粉。將其冷凍備用。

● 提供
5 加熱炸油，溫度約達130℃後放入④，慢慢油炸成黃褐色後，取出瀝除油分，盛入容器中。另外附上醬油後提供。

MEMO
以沾上麵包粉的狀態冷凍，所以有多餘的蕎麥麵時，可以事先製作備用。因為從冷凍狀態開始油炸，所以要放入低溫油中，花時間慢慢油炸到裡面熟透。

東中神蕎麥麵奶油可樂餅
• **P.43**

原 28% 備 60分 點 10分

材料（50～60個份）
白醬
┌ 低筋麵粉 ······················ 300g
│ 奶油 ··························· 300g
│ 洋蔥（切片） ················· 300g
│ 鮮奶（加熱） ··················· 1ℓ
│ 昆布柴魚高湯（加熱） ········· 1ℓ
│ 酒 ···························· 100mℓ
│ 鹽 ······························ 25g
└ 白胡椒 ························· 少量
木耳（乾燥） ····················· 50g
蕎麥麵（生） ····················· 1kg
低筋麵粉、蛋汁、麵包粉 ······ 各適量
炸油 ······························ 適量
炸豬排醬汁 ························ 適量

作法
● 準備
1 製作白醬。在大鍋裡放入低筋麵粉加熱，炒至鬆散為止，慢慢加入奶油拌炒。炒到麵粉和奶油混合後，加入洋蔥拌炒到洋蔥變軟為止。
2 在①中慢慢加入已加熱的鮮奶，為避免有粉粒，用打蛋器一面攪拌混合，一面弄散粉粒。接著加入已加熱的昆布柴魚高湯和酒混合，散發光澤後，加鹽和白胡椒調味，離火。
3 木耳泡水回軟，切碎。蕎麥麵切短水煮後，過冰水使其緊縮，瀝除水分。
4 在②的白醬中混合③的木耳和蕎麥麵後，修整成圓盤形，放入冷凍庫使其凝固。
5 待④凝固後取出，依序沾上低筋麵粉、蛋汁和麵包粉，冷凍備用。

● 提供
6 加熱炸油，溫度約至130℃後放入⑤，慢慢油炸，炸到呈黃褐色後，瀝除油分盛入容器中。另外附上炸豬排醬汁後提供。

MEMO
在④的作業中使其凝固，是為了較易沾上麵包粉。和「蕎麥麵可樂餅」一樣，從低溫油開始油炸。

燉軟骨

→ P.44

原37%　備2小時　點10分

材料（便於製作的分量）

豬喉軟骨 ……………………………… 1kg
煮汁
┌ 昆布柴魚高湯 …………………… 400㎖
│ 水 ……………………………… 400㎖
│ 日本酒 …………………………… 100㎖
│ 鹽 ………………………………… 2小匙
│ 大蒜（切大塊）、薑泥 ………… 各少量
└ 真昆布（切碎）………………… 約10g
白蔥（切蔥花）、萬能蔥（切蔥花）
……………………………………… 各少量

作法

● 準備

1 豬喉軟骨切薄片備用，汆燙後撈除浮沫。

2 在壓力鍋中放入 **1** 和煮汁的材料後加壓，加壓約燉煮25分鐘。

3 壓力釋放後，開蓋，撈除浮在表面的油脂。半量作為營業用，剩餘的冷凍保存。

● 提供

4 收到點單後，將1盤份180g放入小鍋中加熱，盛入容器中，撒上白蔥和萬能蔥。

> **MEMO**
> 真昆布雖是煮高湯用，不過一起燉煮後，變得柔軟可食。

仿多蜜醬汁
煮豬尾和豬舌

→ P.45

原36%　備1週～10天　點10分

材料（1盤份）

豬舌（切片）……………………………… 5片
豬尾（切片）……………………………… 5片
沙拉油 …………………………………… 適量
法式多蜜醬汁（Demi-glace sauce）＊
…………………………………………… 30㎖
昆布柴魚高湯 …………………………… 90㎖
片栗粉水 ………………………………… 適量
配菜
┌ 馬鈴薯泥 …………………………… 適量
└ 香草麵包粉 ………………………… 適量
金時胡蘿蔔（切圓片）………………… 2片

＊法式多蜜醬汁
材料（便於製作的分量）

牛腱 ……………………………………… 2kg
沙拉油 …………………………………… 適量
日本酒 ………………………………… 1.8ℓ
番茄罐頭（400g）……………………… 1罐
濃味醬油 ………………………………… 200㎖
八丁味噌 ………………………………… 300g
田舍味噌 ………………………………… 100g
炸豬排醬汁 ……………………………… 100㎖
洋蔥（切大塊）………………………… 1kg
胡蘿蔔（切大塊）……………………… 200g
芹菜（切大塊）………………………… 200g
大蒜（切大塊）………………………… 100g
生薑（切大塊）………………………… 30g
即溶咖啡 ………………………………… 1大匙
味醂 ……………………………………… 250㎖
白胡椒 …………………………………… 少量
砂糖 ……………………………………… 少量

作法

● 準備

1 製作法式多蜜醬汁。牛腱切大塊，用熱水汆燙，放入已加熱沙拉油的平底鍋中煎至上色，去除多餘的油脂。

2 在鍋裡放入 **1** 的牛腱和其他所有材料燉煮。營業時間內燉煮，放涼後放入冷藏庫保存。隔天，再加水（分量外）同樣燉煮後放涼。重複這樣作業1週～10天後，用圓錐形網篩過濾，完成法式多蜜醬汁。

3 豬舌切成一口大小。豬尾切成一口大小，汆燙。分別放入已加熱沙拉油的平底鍋中炒過後，再放入壓力鍋中，加入2%的食鹽水和昆布（均分量外），加壓25分鐘。

● 提供

4 收到點單後，將1盤份的法式多蜜醬汁和昆布柴魚高湯混合加熱，以片栗粉水勾芡。

5 將 **3** 的豬舌和豬尾放入已加熱沙拉油的平底鍋中再次拌炒後，裹上 **4** 的芡汁。

6 將 **5** 和馬鈴薯泥上撒上香草麵包粉，烤至上色的配菜，一起盛入容器中，再加上煮好的金時胡蘿蔔。

> **MEMO**
> ・根據點單的狀況等，來調整豬舌和豬尾的準備量。
> ・香草麵包粉是在生麵包粉中混入巴西里和大蒜末，再用鹽調味而成。冷凍保存備用。

蕎麥種子燉飯

▶P.46

原 約110日圓（1盤份）　備 60分　點 10分

材料（4盤份）

蕎麥種子 ·····················50g
培根（切碎）···············30g
橄欖油 ·······················適量
綜合高湯
┌昆布柴魚高湯 ······100ml
│酒 ···························10ml
└薄味醬油 ···············10ml
起司（硬式羊乳起司）·····適量
青紫蘇葉 ···························4片
萬能蔥（切蔥花）···········適量

作法

● 準備
1 蕎麥種子泡水1小時，用濾網撈起瀝除水分備用。

● 提供
2 在鍋裡加熱橄欖油拌炒培根，加入①的蕎麥種子合炒。慢慢放入綜合高湯熬煮。
3 煮到喜歡的軟硬度後，一面磨碎起司，一面加入，混合整體。[a]
4 在容器中鋪入青紫蘇葉，盛入③，撒上萬能蔥。

[a]

MEMO
雖然蕎麥種子的硬度可隨個人喜好調整，但建議最好煮到還保留一點硬芯的彈牙口感。這樣能享受到蕎麥種子的顆粒口感。綜合高湯量是大致的分量，希望煮軟一點的話，可以多準備一些。

拜島蔥天婦羅

▶P.47

原 18%　點 10分

材料（1盤份）

拜島蔥 ···························1根
低筋麵粉 ·······················適量
天婦羅麵衣 ···················適量
炸油 ···························適量
烤鹽 ···························適量

作法

1 拜島蔥洗淨後切大截。
2 在①上撒上防沾粉後，裹上天婦羅麵衣，放入160℃的炸油中，慢慢油炸至裡面熟透。
3 將瀝除油分的②盛入容器中，隨附烤鹽。

MEMO
拜島蔥加熱後會釋出甜味，裡面變得黏稠口感。用稍低溫油慢慢油炸，能提引出美味。

▶『富花』的天婦羅

【天婦羅麵衣】
麵衣中加入小蘇打，油炸後即使久放，麵衣也能保有酥脆口感，不會發黏。用蛋和冷水製作蛋汁，混合低筋麵粉和小蘇打過篩後，如切割般混合成麵衣。麵粉也要冰涼備用。
【炸油】
該店重視油炸品的清爽口感，炸油以綿籽油和玉米油混合而成。
【鹽】
為了讓天婦羅不死鹹，使用味道溫潤的烤鹽。

鮭魚奶油天婦羅

▶P.48

原 27%　備 60分　點 10分

材料（1次的準備量）

薄鹽鮭 ···················500～600g
白醬（用「蕎麥麵奶油可樂餅」的半量製作）···························全量
低筋麵粉 ·······················適量
天婦羅麵衣 ···················適量
炸油 ···························適量
間拔胡蘿蔔[※]、綠花椰菜 ·········各適量
※ 間拔胡蘿蔔：這是為了蔬苗而拔起的胡蘿蔔，外形很細小

作法

● 準備
1 煎烤薄鹽鮭，剔除魚骨和皮，肉弄碎。
2 在白醬中加入①的鮭魚混合，暫放冷藏庫使其凝固。
3 待②凝固後取出，修整成圓盤形，以此狀態冷凍備用。

● 提供
4 收到點單後，取出③，沾上防沾粉，裹上天婦羅麵衣，放入160℃的炸油中炸至酥脆。
5 將間拔胡蘿蔔、綠花椰菜也沾上防沾粉，裹上天婦羅麵衣，同樣油炸。
6 在容器中盛入④和⑤。

MEMO
因為白醬呈乳脂狀很難直接油炸，所以先放入冷藏庫使其凝固後，再修整外形，放入冷凍保存備用。收到點單後，在冷凍狀態下直接油炸。

蒜味醬油醃蜆

→ P.50

原20%　備2～3小時　點1分

材料（1次的準備量）

蜆仔	500g
大蒜	2片
濃味醬油	500㎖
日本酒	500㎖
芽蔥	適量

作法

● 準備
1 讓蜆仔吐沙2～3小時備用。
2 大蒜切片，用瓦斯槍燒烤。
3 在鍋裡加入等量的濃味醬油和日本酒，放入1和2，放入蒸鍋中約蒸10～15分鐘。涼至常溫後裝入保存容器中，放入冷藏庫保存備用。

● 提供
4 在容器中盛入1盤份約15顆的蜆，加上芽蔥。

MEMO
這裡雖然用蜆仔製作，不過也可以改用蛤仔等貝類，也能夠美味烹調。醬油決定料理的味道，所以選用哪種醬油也很重要。

泉橋味噌漬菊芋

→ P.51

原30%　備1個月　點1分

材料（1次的準備量）

菊芋（又名洋薑，Helianthus tuberosus L.）	500g
豆味噌	700g

作法

● 準備
1 菊芋洗去髒污，擦乾水分，不去皮，直接醃漬豆味噌。裝入保存容器中，放入冷藏庫約保存3週時間。

● 提供
2 將1從保存容器中取出，1盤份約1個半，將其切片盛入容器中。

MEMO
不需要特別花工夫，就能提供分量十足的料理。為完成喜愛的味道，挑選味噌很重要。

旨煮凍蒟蒻

→ P.52

原10%　備15分　點2分

材料（1次的準備量）

紅蒟蒻	1片
麻油	適量
高湯	200㎖
味醂	25㎖
濃味醬油	17.5㎖
薄味醬油	17.5㎖
炒芝麻	適量
辣椒粉	適量
燙青菜＊	適量

＊ 燙青菜
　材料（1次的準備量）

水菜、菠菜、茼蒿、白菜、小松菜、芝麻菜	各適量
醃漬液	
高湯	1.8ℓ
味醂	少量
薄味醬油	80㎖
鹽	少量

作法

● 準備
1 紅蒟蒻分成三等份切薄片，放入冷凍庫冷凍。
2 將1解凍後，泡熱水去除表面的浮沫，放入加了麻油的鍋裡，用中火炒一下。
3 待2的表面冒泡後，加入高湯、濃味醬油和薄味醬油燉煮。
4 在3中加入炒芝麻和辣椒粉，涼至常溫後裝入保存容器中，放入冷藏庫保存備用。
5 製作燙青菜。將水菜、菠草、茼蒿、白菜、小松菜和芝麻菜切成2㎝寬，汆燙一次後過冷水。放入煮沸放涼的醃漬液中醃漬，裝入保存容器中，放入冷藏庫保存備用。

● 提供
6 在容器中交錯重疊盛入5和4。

MEMO
根據不同的採購內容，每次點單提供的燙青菜也不同，優點是能吃到各種味道與口感。

梅山葵奶油起司

▶ **P.53**

原35%　備10分　點3分

材料（1次的準備量）

奶油起司	200g
馬斯卡邦起司	100g
梅肉	適量
青芥末	適量
落葵（Basella alba）花	適量

作法

● 準備

1 馬斯卡邦起司和奶油起司以1：2的比例，用果汁機混合後，裝入保存容器中，放入冷藏庫保存。

● 提供

2 用湯匙一面舀取**1**，一面修整成圓形放在容器上。1盤份約20g。

3 在**1**旁放上梅肉。

4 在**3**的上面放上青芥末泥，最後再加上落葵花。

> **MEMO**
> 為了活用起司類的風味，避免用酸味濃的梅肉。

豆渣拌千鳥醋青花魚

▶ **P.54**

原30%　備5小時　點2分

材料（1次的準備量）

醃青花魚

┌ 青花魚	1尾
│ 醋（千鳥醋）	適量
└ 鹽	適量

調味豆渣

┌ 豆渣	200g
│ 味醂	適量
│ 醋	適量
│ 梅酒	適量
└ 香橙皮（切末）	適量
白蘿蔔泥	適量
紫蘇嫩葉	適量
紫蘇穗	適量
青芥末	適量

作法

● 準備

1 製作調味豆渣。乾炒豆渣，加味醂、醋和梅酒熬煮。

2 煮成喜歡的味道後，將**1**放入鋼盆中放涼，加香橙皮，裝入保存容器中，放入冷藏庫保存備用。

3 製作醃青花魚。青花魚以三片切法分切成魚片，表面抹鹽後，放入冷藏庫靜置2小時。

4 用流水洗去鹽，擦乾水分。在淺鋼盤中放青花魚，蓋上廚房紙巾，倒入差不多能覆蓋青花魚的醋，約醃漬15分鐘。上下翻面再醃漬15分鐘。去皮和骨切成1cm寬，裝入保存容器中，放入冷藏庫保存備用。

● 提供

5 將**4**切成5mm寬，在鋼盆中放入1盤份10片。

6 在5中放入適量的**2**，用筷子輕輕調拌。

7 在容器中盛入白蘿蔔泥，上面放上**6**。最後一面撕碎紫蘇嫩葉，一面做裝飾，再加上紫蘇穗和青芥末。

> **MEMO**
> 將豆渣充分炒乾，才能突顯青花魚的重點口感。喜歡酸味重的青花魚時，調味豆渣的味道可以調整得濃一點。

小魚乾柴魚
拌伊賀有機蔬菜

▶ **P.55**

原30%　備1小時　點1分

材料（1次的準備量）

燙青菜（參照「旨煮凍蒟蒻」）… 適量
柴魚拌醬

┌ 小魚乾（煮過高湯的）	1kg
│ 柴魚（煮過高湯的）	1kg
│ 酒	500ml
│ 味醂	500ml
│ 濃味醬油	500ml
│ 炒芝麻	適量
└ 辣椒粉	適量
菊花（水煮後過冷水，再用醋水醃漬）	
	適量

作法

● 準備

1 製作柴魚涼拌菜。小魚乾和柴魚用食物調理機攪碎。在鍋裡放入攪碎的小魚乾和柴魚，倒入能蓋過材料的酒、味醂和濃味醬油，以大火熬煮。

2 熬煮到喜歡味道的濃度後，加入炒芝麻和辣椒粉後熄火。回到常溫後，裝入保存容器中，放入冷藏庫保存備用。

● 提供

3 在鋼盆中放入燙青菜和**2**的柴魚拌醬，用筷子稍微混合。

4 在容器中盛入**3**，最後放上菊花。

> **MEMO**
> 小魚乾和柴魚用食物調理機充分攪碎，讓口感變細滑後備用。除了這個材料外，燙青菜也可採用其他的季節蔬菜。

北海道 梅煮秋刀魚
—————————• P.56

原40%　備2小時　點2分

材料（1次的準備量）

秋刀魚·································10尾
鹽水（約8%）·······················適量
酒·····································400㎖
味醂···································50㎖
薄味醬油·····························50㎖
醋·····································50㎖
醃梅（相對於秋刀魚1尾使用1個）
······································10個
蔥白絲·······························適量
胡椒木芽·····························適量

作法

●準備

1 秋刀魚去除內臟，分成三等份，用8%的鹽水醃漬10～20分鐘。

2 在鍋裡放入①的秋刀魚，加入酒、味醂、薄味醬油、醋和醃梅後加熱，煮沸一次。放涼後加內蓋，用爐火約煮2小時。

3 秋刀魚骨煮軟後，熄火，回到常溫後，裝入保存容器中，放入冷藏庫中保存備用。

●提供

4 在容器中盛入1盤份1.5尾的秋刀魚和1個醃梅，上面放上蔥白絲。最後用手掌拍打胡椒木芽後撒在上面，一面過濾煮汁，一面均勻淋上。

> **MEMO**
> 烹調重點是充分滲入味道。此外，最後淋上煮汁，為避免口感粗糙，一定要過濾後使用。

酒蒸伊勢蛤仔
—————————• P.57

原30%　備2小時30分　點10分

材料（1盤份）

菇類（香菇、杏鮑菇、鴻禧菇、黃色金針菇、金針菇、繡球菇）·············30g
酒·····································50㎖
鹽·····································適量
蛤仔···································60g
高湯···································60㎖
酒·····································10㎖
鹽·····································適量
薄味醬油·····························適量
鴨兒芹·······························適量
香橙皮·······························適量

作法

●準備

1 將切成容易食用大小的菇類，放入加了酒和鹽的鋼盆中，用蒸鍋約蒸10分鐘。在常溫中放涼，連汁一起放入冷藏庫中保存備用。

●提供

2 在加了高湯和酒的鍋裡，放入蛤仔和①，加蓋以大火加熱。

3 蛤仔口開始打開後，撈除浮沫，用鹽和薄味醬油一面調味，一面放入鴨兒芹莖，熄火。

4 在容器中盛入③，放上鴨兒芹葉，削入香橙皮。

> **MEMO**
> 為了增進口感和外觀，使用許多菇類。這是搭配日本酒的小菜料理，所以調味也比較清淡。

魚白昆布燒
—————————• P.58

原40%　備30分　點10分

材料（1盤份）

鱈魚魚白·····························50g
片栗粉·······························適量
高湯···································180㎖
味醂···································20㎖
薄味醬油·····························20㎖
鹽·····································適量
昆布（煮過高湯的）···················1片
醋橘···································適量

作法

●準備

1 在魚白上沾上片栗粉，去除黏液，過熱水，再過冷水形成白霜般的狀態。

2 在鍋裡放入高湯、味醂和薄味醬油，加入①，加熱至75℃約煮5分鐘。放涼至常溫後，裝入保存容器中，放入冷藏庫保存備用。

●提供

3 將②的魚白切半，放到昆布上。

4 將③放到烤網上撒鹽，加蓋，用中火烘烤。

5 烤至上色後，連昆布盛入容器中。最後加上醋橘。

> **MEMO**
> 在加熱魚白的準備階段，需注意勿使魚白變硬。此外，放在昆布上烘烤時，以蒸烤的感覺來進行。

鯛魚煎餅
→ **P.59**

原30% 備1天 點5分

材料（1盤份）
鯛魚（生魚片用）	2片
鹽	適量
醋	適量
白板昆布	1/2片
片栗粉	適量
蕎麥粉	適量
沙拉油	適量
青芥末	適量

作法
● 準備
1 在鯛魚片的兩面抹鹽，約醃漬30分鐘。
2 擦除魚片滲出的水分，夾入用醋擦過的白板昆布中靜置一晚。
3 將2用擀麵棍擀開，沾上片栗粉，裝入保存容器中，放入冷藏庫保存備用。

● 提供
4 將已拍掉多餘片栗粉的3上，用手掌如拍打般拍薄。
5 將4放入170℃的沙拉油中油炸。
6 在容器中盛入5，最後加上青芥末。

MEMO
活用生魚片用的白肉魚，可避免浪費。若有白肉魚，能改用其他魚製作這道料理。重點是魚片儘量拍薄一些，才能炸得酥脆。

炸旨煮海老芋
→ **P.60**

原30% 備1小時 點8分

材料（1次的準備量）
海老芋	10個
水	適量
昆布	1片
酒	適量
味醂	適量
白醬油	適量
蕎麥粉	適量
板蕎麥麵	適量
沙拉油	適量
青芥末	適量

作法
● 準備
1 海老芋去皮縱切一半，用洗米水煮到能用竹籤迅速刺穿的軟度。
2 在鍋裡放入能蓋過材料的水、昆布、酒、味醂和白醬油，再放入1，用蒸鍋蒸15分鐘。涼至常溫後撈除昆布，裝入保存容器中，放入冷藏庫保存備用。

● 提供
3 將2的海老芋2～3個再切半，薄沾上蕎麥粉。
4 用170℃的沙拉油將3炸至上色的程度。
5 用170℃的沙拉油油炸板蕎麥麵。
6 在容器中盛入4和5，最後加上青芥末。

MEMO
烹調的重點是讓海老芋確實入味。此外，為了讓海老芋具有外酥脆，內鬆綿的口感，在準備階段注意調整硬度。蕎麥粉是為了讓人感受海老芋的風味，所以注意不可沾太多。

辣麻油拌酪梨泡菜
→ **P.62**

原20% 備30分 點5分

材料（1盤份）
酪梨	2個
小黃瓜	2條
鹽	1/2小匙
韓式泡菜	200g
太白麻油※	適量
辣油	適量
炒白芝麻	適量
辣椒	適量

※太白麻油：直接以生芝麻榨油，再經精製的芝麻油，不經過煎焙，油色無色透明

作法
● 準備
1 小黃瓜縱向切半，用湯匙舀除瓜芯，亂刀切塊。用小黃瓜重量的1.5%的鹽揉搓，靜置30分鐘後瀝除水分。和切成一口大小的韓式泡菜混合，裝入保存容器中冷藏保存備用。

● 提供
2 酪梨去皮和種子，切成一口大小。
3 將1和2放入鋼盆中，加太白麻油和辣油調拌。
4 在容器中盛入3，放上炒白芝麻和橫切小截的辣椒。

MEMO
為避免小黃瓜出水，剔除瓜芯部分，用鹽揉搓後使用。韓式泡菜適合日式料理的清爽口味。

蟹味噌起司和醃漬煙燻蘿蔔

→ P.63

原20% 備20分 點5分

材料（8盤份）

蟹味噌（罐頭）	100g
奶油起司	200～250g
田舍味噌	50g
濃味醬油	25mℓ
蒜泥	1瓣份
醃漬煙燻蘿蔔	適量
蘇打餅乾	適量

材料（1盤份）

●準備
1 用微波爐加熱奶油起司，以利混合。
2 蟹味噌中加入1、田舍味噌、濃味醬油和蒜泥，攪拌混合。裝入保存容器中冷藏保存。

●提供
3 在容器中盛入2，加上切薄片的醃漬煙燻蘿蔔和蘇打餅乾。

> **MEMO**
> 蟹味噌依不同種類，味道也不同，請一面嚐味道，一面調味。

羅勒風味燒味噌

→ P.64

原10% 備30分 點5分

材料（1盤份）

羅勒味噌＊	80g
白蘿蔔	適量
胡蘿蔔	適量
小黃瓜	適量

＊羅勒味噌
材料（1次的準備量）

雞絞肉	200g
酒	130mℓ
砂糖	100g
信州味噌	250g
西京味噌	150g
洋蔥	100g
沙拉油	適量
核桃	30g
羅勒	15～20g
蛋黃	2個份

作法

●準備
1 製作羅勒味噌。洋蔥切末，用沙拉油拌炒後放涼。核桃、羅勒切末。
2 在鍋裡放入1以外的材料，一面用中火加熱，一面混合。直到食材融合，攪拌時能看見鍋底為止，熄火，加入1的材料混合。放涼後裝入保存容器中冷藏保存。

●提供
3 杓子上抹上羅勒味噌，以微波爐稍微加熱，再用瓦斯槍燒烤表面。
4 白蘿蔔和胡蘿蔔去皮。和小黃瓜一起切成易食用的棒狀。
5 在容器中盛入3和4後提供。

> **MEMO**
> 羅勒味噌除了用來製作燒味噌外，也能活用作為蔬菜用的調味醬，或製作田樂料理等。

蕎麥麵店焗烤料理

（濃湯焗烤風味）

→ P.65

原28% 備20分 點20分

材料（1盤份）

蕎麥糕	
┌ 蕎麥粉	50g
└ 水	150g
雞腿肉	60g
長蔥	1/2根
沙拉油	適量
烤麩	3個
淋汁	200mℓ
沾汁	50mℓ
起司（加熱用）	適量
切碎青蔥	適量

作法

●準備
1 製作蕎麥糕。在小鍋裡放入蕎麥粉，加水一面加熱，一面攪拌。用湯匙塑成一口大小，裝入保存容器中冷藏保存備用。

●提供
2 雞腿肉切成1cm的小丁，長蔥切蔥花。放入已倒沙拉油的平底鍋中煎至上色。
3 烤麩放入熱水中浸泡10分鐘回軟，瀝除水分。
4 用微波爐加熱1的蕎麥糕，放入小鍋中。放入2的雞腿肉、長蔥、3的烤麩，倒入淋汁和沾汁加熱煮沸。
5 將4放入焗烤盤中，放上起司。用180℃的烤箱烤7～8分鐘，撒上切碎的青蔥。

> **MEMO**
> 攪拌蕎麥粉製作蕎麥糕備用，也可以冷藏備用。

唐揚風呂吹大根※

→ P.66

原 5%以下　備 50分　點 10分

材料（8盤份）

白蘿蔔	1/2根
柴魚高湯	1ℓ
薄味醬油	5mℓ
鹽	5g
味醂	30mℓ
片栗粉	7大匙
上新粉	3大匙
沙拉油	適量
獅子辣椒	2根
鹽	適量

作法

● 準備

1 白蘿蔔切成2.5cm寬，去皮。用加了米糠的水汆燙後，用柴魚高湯、薄味醬油、鹽和味醂混成的湯汁燉煮。放涼後裝入保存容器中，冷藏保存。

● 提供

2 瀝除1的白蘿蔔的水分，表面沾上片栗粉和上新粉混成的粉。

3 用160～170℃的沙拉油油炸2，慢慢提高油溫直到180℃。

4 將3切成一口大小，盛入容器中，加上清炸的獅子辣椒。撒上少量鹽。

※風呂吹大根：為日本的傳統料理，以洗米水浸煮白蘿蔔，再用高湯燉煮。

MEMO

混合片栗粉和上新粉作為防沾粉使用。較不易吸收水分，也能長時間保持酥脆口感。用風呂吹大根製成天婦羅也很美味。

炸橄欖羅勒甜不辣

→ P.67

原 25%　備 30分　點 10分

材料（1盤份）

烏賊和橄欖攪碎＊	4個份
沙拉油	適量
羅勒葉	1片

＊烏賊橄欖餡料
材料（20個份）

碎魚肉（加入山藥和蛋白的市售品）	400g
烏賊（也可用觸足）	200g
黑橄欖	25g
羅勒醬	2小匙
洋蔥	1/2個
砂糖	1小匙
鹽	1/2小匙

作法

● 準備

1 製作烏賊橄欖餡料。在碎魚肉中，加入用果汁機大致攪碎的烏賊、切末黑橄欖、羅勒醬和洋蔥，加砂糖和鹽混合。1個份35～40g塑成圓形，放入蒸鍋中蒸熟。放涼後裝入保存容器中冷藏保存。

● 提供

2 用160℃的沙拉油將1炸至上色，慢慢升高油溫，升至180℃時撈出。

3 在容器中盛入2，再裝飾上羅勒葉。

白菜肉丸水芹火鍋

→ P.68

原 20%以下　備 40分　點 10分

材料（1盤份）

白菜肉丸＊	4個
水芹	適量
栃尾油豆腐	1/4片
菇類（杏鮑菇、舞茸、香菇）	適量
白蘿蔔泥	適量
七味唐辛子	適量
火鍋高湯＊	200mℓ

＊白菜肉丸
材料（20個份）

白菜	600g
鹽	2小匙
雞腿絞肉	250g
生薑	15g
蛋	1個
酒	10mℓ
濃味醬油	10mℓ
鹽	1小匙
片栗粉	10g

＊火鍋高湯
材料（10盤份）

昆布柴魚高湯	2ℓ
酒	100mℓ
薄味醬油	100mℓ
味醂	60mℓ
鹽	1/2小匙

作法

● 準備

1 白製作菜肉丸。白菜切末，撒鹽揉搓靜置30分鐘，擠出多餘的水分。

2 製作火鍋高湯。混合所有材料後加熱。

3 在1中加入剩餘的白菜肉丸的材料攪拌，塑成圓形。

4 在2中放入3，加熱20分鐘。撈出白菜肉丸，放涼後裝入保存容器中冷藏保存。過濾火鍋高湯後放涼，裝入保存容器中冷藏保存。

● 提供

5 在砂鍋中倒入4的火鍋高湯，煮沸。放入4的白菜肉丸、切成一口大小的栃尾油豆腐和菇類燉煮。

6 菜料都熟透後調味，加入水芹和白蘿蔔泥，撒上七味唐辛子即可出菜。

橙香蟹肉豆腐

• **P.70**

原30% 備30分 點10分

材料（4盤份）

蟹肉（罐頭）	120g
絹豆腐	3〜4塊

醃漬液
高湯	1ℓ
鹽	10g
薄味醬油	2.5mℓ
酒	5mℓ

芡汁底料
高湯	1.2ℓ
鹽	5g
酒	60mℓ
薄味醬油	50mℓ

片栗粉汁	適量
蟹肉棒	8根
鴨兒芹	適量
香橙皮	適量

作法

● 準備
1. 用醃漬液燉透豆腐，使其入味。放涼後裝入保存容器中冷藏保存。
2. 製作芡汁底料。混合高湯、鹽、酒和薄味醬油煮沸，放涼後裝入保存容器中冷藏保存。

● 提供
3. 將1連同醃漬液用微波爐加熱。1盤份的豆腐量約2/3塊。
4. 在小鍋裡放入2和連汁的蟹肉罐頭後加熱，用片栗粉水勾芡。
5. 在容器中放入3，淋上4的芡汁。放上蟹肉棒和鴨兒芹，撒上香橙皮。

籠蒸自製培根和蔬菜

• **P.71**

原20〜25% 備1週 點15分

材料（1盤份）

自製培根＊	100g
南瓜	適量
胡蘿蔔	適量
綠花椰菜	適量
白花菜	適量
包心菜	適量
菇類	適量
羅勒味噌（參照「羅勒風味燒味噌」）	
	適量
鹽	適量

＊ **自製培根**
材料（10盤份）

豬腹肉	1kg
洋蔥	1/2個
胡蘿蔔	1/2根
芹菜	1/2條
大蒜	1瓣
辣椒	1根
水	1ℓ
鹽	60g
砂糖	10g
黑胡椒（顆）	5顆
煙燻木屑	2大匙

作法

● 準備
1. 製作自製培根。將洋蔥、胡蘿蔔和芹菜切片。大蒜剁碎。辣椒剔除種子。
2. 在鍋裡放入1、水、鹽、砂糖和黑胡椒，開火加熱。煮沸後轉小火，加熱5分鐘。熄火後放涼，加入豬腹肉放入冷藏庫保存1週。
3. 從2中取出豬腹肉，擦除水分。放入冷藏庫，用冷氣將表面冰乾。
4. 在平底鍋中鋪入鋁箔紙，放入煙燻木屑以中火加熱。冒煙後，放上網架，再放上3的豬腹肉。用鋼盆加蓋煙燻4分鐘。燻4分鐘後更換煙燻木屑，將豬腹肉上下翻面，再煙燻4分鐘。放涼後分切小份，裝入保存容器中冷藏保存。

● 提供
5. 蔬菜類分別處理好，切成一口大小。將4的培根用微波爐加熱解凍，切成一口大小。
6. 將不易煮熟的食材放入蒸籠內炊蒸。
7. 重新裝入外觀佳的蒸籠內，隨附羅勒味噌和鹽後提供。

> **MEMO**
> 自製培根燒烤後，除了可作為下酒菜外，也能活用作為像是鴨肉蕎麥麵（Kamoseiro）的蕎麥麵條的沾汁菜料。

雞和酪梨天婦羅佐納豆橙味醬油

• **P.72**

原25% 備半天 點10分

材料（1盤份）

雞胸肉	120g
酒	10mℓ
薄味醬油	10mℓ
味醂	10mℓ
酪梨	1/2個
高筋麵粉	適量
天婦羅麵衣	適量
炸油	適量
納豆橙味醬油＊	45g
白蘿蔔泥	適量
蔥花	適量

＊ **納豆橙味醬油**
材料（5盤份）

碎納豆	120g
濃味醬油	40mℓ
蘋果醋	40mℓ
味醂	15mℓ
檸檬汁	5mℓ
砂糖	5g

作法

● 準備
1. 製作納豆橙味醬油。混合所有材料，裝入保存容器中冷藏保存。
2. 雞胸肉切成一口大小，放入酒、薄味醬油和味醂中醃漬半天。

● 提供
3. 酪梨切成一口大小，用毛刷刷上高筋麵粉。
4. 在2的雞胸肉和3的酪梨上，裹上天婦羅麵衣，從雞胸肉開始先用170℃的油慢慢油炸。
5. 在容器中盛入4，在酪梨天婦羅上放上白蘿蔔泥。在白蘿蔔泥上淋上納豆橙味醬油和蔥花。

納豆炸豆腐

▸ **P.73**

原10% 備30分 點5分

材料（16盤份）

油豆腐	8片
碎納豆	150g
山藥	150g
生薑	40g
萬能蔥	30g
蒲燒沙丁魚（市售品。也可用鯡魚蕎麥麵的煮鯡魚或蒲燒鱔魚）	1片份
沾汁	10㎖
天婦羅麵衣	適量
炸油	適量
青海苔	適量
天婦羅醬汁	適量
山椒鹽（山椒粉和鹽以1：2的比例混合）	適量

作法

● 準備

1 油豆腐切半。

2 山藥切成5mm小丁。生薑切末。萬能蔥切蔥花。蒲燒沙丁魚切成1cm小丁。

3 將碎納豆、2和沾汁混合，塞入1的油豆腐中。邊端用牙籤固定，冷凍保存。

● 提供

4 在3上沾上天婦羅麵衣，用170℃的油油炸。

5 將4切半，盛入容器中。撒上青海苔，隨附天婦羅醬汁和山椒鹽。

▸ 『赤月』的天婦羅

【天婦羅麵衣】

在基材的低筋麵粉中加入少量片栗粉，用水調勻後使用。只有炸什錦時加蛋。據店家表示加蛋的話，油炸品更快熟透，顏色也更漂亮。

【炸油】

使用綿籽油。考慮到油炸品以蔬菜類天婦羅為主，選用有鮮味的綿籽油。容易炸得酥脆，油香味也少，容易呈現食材的味道。此外，蔬菜用和魚用分別準備不同的鍋子，以避免味道混雜。

【天婦羅醬汁】

天婦羅醬汁是沾汁和淋汁以3：1的比例混合而成。具有鮮味的海鮮天婦羅，使用無鮮味的海鹽，有香味的蔬菜，則使用味道圓潤的海鹽。

蔥鴨蕎麥韓式煎餅

▸ **P.75**

原30% 備20分 點5分

材料（2盤份）

鴨肉	10g
白蔥（5cm寬）	1根
蕎麥粉（細磨粉）	60g
水	150㎖
基本醬汁	適量
沙拉油	適量
辣椒絲	適量
沾醬	
┌ 沾汁	適量
└ 醋	適量

作法

● 準備

1 鴨肉和白蔥切碎成相同的大小。

2 用水溶解蕎麥粉，加入1和基本醬汁。

3 在角型平底鍋中放入2，用小火慢慢煎烤兩面。

4 烤好後的韓式煎餅放涼後，用保鮮膜捲包放入冷凍庫保存。

● 提供

5 冷凍保存的4用微波爐解凍，用倒入大量沙拉油的鐵鍋煎炸。

6 將煎餅的兩面煎好後，放在盤上，用廚用紙巾擦除表面的油。

7 將6切成6等份，盛入容器中，最後放上辣椒絲。

8 在沾汁中加入少量醋製成沾醬，隨7一起提供。

MEMO

雖然煎餅用油煎，但為了吃起來不油膩，用廚用紙巾確實擦掉油。此外，為添加清爽感，在沾醬料中加醋也是重點。

蒲燒蕎麥糕

▸ **P.76**

原30% 備10分 點5分

材料（2盤份）

蕎麥粉（細磨粉）	60g
水	150㎖
燒海苔	大片1片
沙拉油	適量
自製蒲燒醬汁（濃味醬油和砂糖、酒、味醂混成的醬汁，以5：5的比例混合）	1大匙
蘿蔔嬰	適量

作法

● 準備

1 用水調勻蕎麥粉，倒入平底鍋中，製作蕎麥糕。

2 在切半的烤海苔上，放上半量的1擀開。

3 將2放涼後，用保鮮膜包好冷凍保存。

● 提供

4 冷凍保存的1，用微波爐解凍。

5 倒入許多沙拉油的鐵鍋用大火加熱，海苔朝下放入4煎烤。

6 留意別煎焦，一面搖晃鍋子，一面約煎1分鐘，翻面也同樣煎烤。

7 兩面烤好後，倒掉鐵鍋的油。蕎麥糕的海苔部分翻至朝下，加入自製蒲燒醬汁包裹蕎麥糕，用大火煎烤一下。

8 煎好的7切成6等份。在容器中倒入少量鐵鍋的醬汁，上面放上蕎麥糕。

9 將自製蒲燒醬汁（分量外）均勻淋在8的上面，再加上蘿蔔嬰。

MEMO

為呈現蒲燒風味，自製醬汁稍微熬熬得焦稠些，讓它裹在蕎麥糕上。此外，煎烤海苔部分時略像油炸般，才能煎炸出蒲燒鰻魚皮的口感。

蕎麥糕（粗磨粉）

→• **P.77**

原30% 點5分

材料（1盤份）

蕎麥粉（粗磨粉）	60g
水	150㎖
蕎麥麵湯	適量
香橙皮	適量
青芥末	適量
濃味醬油	適量

作法

1 在鍋裡放入用水調勻的蕎麥粉，用木匙一面混合，一面開小火加熱。

2 混合到有適度彈性後，用湯勺舀取成型，盛入容器中，裝飾上香橙皮。

3 倒入能浸泡2程度的蕎麥麵湯，隨附青芥末和濃味醬油後提供。

MEMO

為了能享受粗磨粉的口感，注意蕎麥糕不可太硬。

蕎麥沙拉

（加入田舍·粗磨的板蕎麥麵）

→• **P.78**

原30% 點8分

材料（1盤份）

板蕎麥麵	
田舍蕎麥麵6片、粗磨蕎麥麵6片	
迷你番茄	3個
萵苣	適量
水菜	適量
蘿蔔嬰	適量
辣味白蘿蔔（切圓片）	2cm
調味汁	
沾汁	30㎖
橄欖油	少量
柚子胡椒	1g

作法

1 迷你番茄縱切一半，將萵苣、水菜和蘿蔔嬰切成易食用的大小。

2 切蕎麥麵時，保留邊端部分，準備板蕎麥麵備用。

3 在容器中盛入1的萵苣和水菜。

4 將2用沸水煮熟，再過冷水後盛入3中

5 在4的上面放上辣味白蘿蔔，上面再放上1的迷你番茄和蘿蔔嬰。

6 製作調味汁。在沾汁中加入柚子胡椒，再加橄欖油充分混勻。倒入容器中，隨附5一起出菜。

MEMO

重點是蕎麥麵的口感，所以板蕎麥麵要製作得大片一點備用。在調味汁中加入柚子胡椒，成為讓人上癮的美味。

炸田舍油豆腐

→• **P.79**

原30% 備3分 烤12分

材料（1盤份）

田舍油豆腐	1片
白蔥	適量
生薑	適量
基本醬汁	適量

作法

● 準備

1 田舍油豆腐分切成6等份，用保鮮膜捲包好冷凍保存。

2 白蔥切細細橫切小截，生薑磨泥備用。

● 提供

3 冷凍保存備用的1，放在加蓋的炸鍋上約5分鐘，讓它自然解凍。

4 在鐵鍋裡放上3，用鋁箔紙覆蓋後，以小火約悶烤3分鐘。

5 烤至上色後上下翻面，拿掉鋁箔紙，以中火約烤2分鐘。

6 兩面烤至上色後，盛入容器中，上面依序放上白蔥和薑泥。最後淋上多一點基本醬汁。

MEMO

飽滿膨軟的口感很重要，所以放在炸鍋上，讓它儘量在類似自然解凍的狀態下解凍。此外，採取悶烤方式，以免水分散失。

煎蘘荷

● P.80

原30%　備1分　點5分

材料（1盤份）

蘘荷 ······· 2根
基本醬汁 ······ 適量

作法

●準備
1 蘘荷縱向切4等份。

●提供
2 在鐵鍋裡放入蘘荷，一面搖晃鐵鍋，一面用大火煎烤，稍微煎至上色。
3 在2中加入基本醬汁，如調拌般用筷子混合蘘荷，盛入容器中。

> **MEMO**
> 為了增進風味，稍微煎至上色。多加一些基本醬汁也很美味。

柴魚拌青椒

● P.81

原30%　備5分　點3分

材料（1盤份）

青椒 ······· 60g
麻油 ······· 適量
基本醬汁 ······ 適量
柴魚 ······· 適量

作法

●準備
1 青椒剔除種子，縱向切成寬3cm左右。

●提供
2 在鐵鍋裡加入大量麻油，以中火加熱後，加入1煎烤。
3 2稍微煎至上色後熄火，加入基本醬汁。
4 開大火加熱3，一面如將基本醬汁煮焦般，一面裹在青椒上。
5 在容器中盛入4，放上柴魚即完成。

> **MEMO**
> 烹調重點是突顯麻油的風味。

煎鴨心

● P.82

原30%　備5分　點10分

材料（1盤份）

鴨心 ······· 3個
白蔥（5cm寬） ······ 2根
沙拉油 ······· 適量
鹽 ······· 適量
胡椒 ······· 適量
青紫蘇葉 ······ 1片
柚子胡椒 ······ 適量

作法

●準備
1 鴨心縱切一半，分成1盤份的小分量，用保鮮膜捲包冷凍保存。
2 白蔥切成5cm寬備用。

●提供
3 冷凍保存的鴨心用微波爐解凍，在兩面撒上鹽和胡椒。
4 在加了沙拉油、以中火加熱的鐵鍋中放入白蔥，用鋁箔紙覆蓋後，以小火悶煎約3分鐘，將兩面煎至上色為止。上色後盛入盤中。
5 在鐵鍋裡放入鴨心，以中火煎烤。途中，用鍋鏟按壓讓鴨心均勻煎烤。
6 在容器中鋪入青紫蘇葉，盛入去除薄皮的4和5，加上柚子胡椒。

> **MEMO**
> 為呈現鴨心的口感，切片後使用。此外，為避免鮮味流失，重點是運用鐵板燒的要領，用鍋鏟按壓煎烤。

卡門貝爾天婦羅
━━━━━━━━━━━ • **P.83**

原30%　備3分　點5分

材料（1盤份）
卡門貝爾起司（Camembert cheese）
………………………………………1／2個
低筋麵粉……………………………適量
天婦羅麵衣…………………………適量
沙拉油………………………………適量
天婦羅醬汁…………………………適量
黑胡椒………………………………適量

作法
● **準備**
1 卡門貝爾起司切成7等份備用。

● **提供**
2 在1上沾上低筋麵粉，放入濾網中，濾掉多餘的粉。 a
3 將2沾裹天婦羅麵衣，用180℃的沙拉油約炸3分鐘。
4 在放入少量天婦羅醬汁的容器中盛入3，撒上黑胡椒。

MEMO
注意勿讓起司融出，要留意麵衣勿沾太厚，否則會喪失酥脆的口感。

天婦羅拼盤
━━━━━━━━━━━ • **P.84**

原30%　備30分　點8分

材料（1盤份）
蝦………………………………… 2尾
沙鮻……………………………… 1尾
南瓜……………………………… 1片
秋葵……………………………… 1根
茄子…………………………… 1/4個
甜椒…………………………… 1/8個
低筋麵粉…………………………適量
天婦羅麵衣………………………適量
沙拉油……………………………適量
天婦羅醬汁………………………適量

作法
● **準備**
1 蝦子去殼和沙腸備用。蔬菜類切成適當的大小。只有茄子切花備用。

● **提供**
2 在各材料上拍上低筋麵粉，沾裹天婦羅麵衣，用180℃的沙拉油炸。
3 在容器中盛入2，佐配天婦羅醬汁。

▶『笑日志』的天婦羅

【天婦羅麵衣】
接到點單後，天婦羅粉和冷水以70ｇ：100㎖的比例混合製作。麵衣稍微調軟一點，沾裹薄麵衣油炸，天婦羅完成後才能呈現漂亮的色彩和酥脆的口感。
【炸油】
使用沙拉油，每天更新。
【天婦羅醬汁】
第一道柴魚高湯和基本醬汁，以1ℓ：100㎖的比例混合製作。

明太子
青紫蘇生豆腐皮捲
━━━━━━━━━━━ • **P.86**

原30%　點5分

材料（1盤份）
生豆腐皮………………………………1片
明太子（狹鱈卵）………………1.5個
青紫蘇葉………………………………1.5片

作法
1 將生豆腐皮展開，在前方排放青紫蘇葉。
2 在1的青紫蘇葉上放上明太子，從前方朝後方捲包起來。
3 將2切成6等份盛入容器中，讓切口露出來。

MEMO
青紫蘇葉上放上明太子時，為了保持粗細一致，切掉明太子細的部分，加入較細端使其加粗。青紫蘇葉也同樣作業。

豆腐皮佐豆腐

▸ P.87

原30% 備1分 點3分

材料（1盤份）

生豆腐皮	1/2片
豆漿	適量
寄世豆腐※	1/2塊
青芥末	適量
濃味醬油	適量

※寄世豆腐：寄世豆腐是未經加壓擠水的豆腐

作法

●準備

1 生豆腐皮切成易入口大小，醃漬在豆漿中備用。

●提供

2 在容器中盛入寄世豆腐，放上1，均勻淋上豆漿。最後放上青芥末，附濃味醬油佐味。

> **MEMO**
>
> 豆腐皮放在寄世豆腐上時，如同遮蓋豆腐般堆滿。淋上多一點的豆漿，吃起來口感更細滑。

自製醃脆瓜

▸ P.88

原20% 備30分～1小時 點1分

材料（1次的準備量）

小黃瓜	10～15根
濃味醬油	200㎖
醋	200㎖
味醂	200㎖
生薑	適量
炒芝麻	適量

作法

●準備

1 小黃瓜切成1㎝寬的圓片。放入沸水中將表面煮至變軟為止。

2 在鍋裡放入濃味醬油、醋和味醂，開火加熱煮沸後熄火。

3 在2中放入切碎的生薑和1，再開火煮至充分滾沸即熄火。回到常溫後，裝入保存容器中，撒上炒芝麻，放入冷藏庫保存備用。

●提供

4 在容器中盛入約10個3。

> **MEMO**
>
> 小黃瓜的口感是這道料理的重點，所以要留意切片厚度和醃漬時間的平衡。此外，醃漬時間也會改變味道，所以請自行調整喜歡的時間。

炙燒自製鴨味噌

▸ P.89

原30% 備30分 點3分

材料（1次的準備量）

鴨絞肉（翅根）	500g
麴味噌	1kg
砂糖	100g
味醂	100㎖
酒	100㎖

作法

●準備

1 鴨絞肉用不加油的鐵鍋拌炒。

2 在鍋裡放入1、麴味噌、砂糖、味醂和酒，以小火加熱，用木匙攪拌混合煮到酒精揮發，成為喜歡的黏度為止。

3 達到喜歡的黏度後熄火，回到常溫後，裝入保存容器中，放入冷藏庫保存備用。

●提供

4 用大湯匙舀1大匙3，放入容器中壓扁，用瓦斯噴槍燒烤。

> **MEMO**
>
> 若在意鴨肉太油的話，鴨絞肉炒過後，可以倒掉油。因為鴨肉決定料理的味道，所以勿減少分量。

鴨肉排

• **P.90**

原30% 點5分

材料（1盤份）

鴨里肌肉 ·························· 100g
沙拉油 ····························· 適量
鹽 ································· 適量
胡椒（粗磨）····················· 適量
白蘭地 ····························· 適量
白蔥（橫切小截）················· 適量
山蘿蔔 ····························· 適量

作法

1鴨里肌肉切成1.5cm的塊狀。
2在加了沙拉油已加熱的鐵鍋中放入
　1，用中火拌炒一下。
3整體炒至上色後，加鹽和胡椒調味，
　開大火加入白蘭地，煮到酒精揮發即
　熄火。
4在容器中盛入**3**，最後放上白蔥和山
　蘿蔔。

MEMO

為了鎖住肉的鮮味，肉的切面全部確
實煎烤備用。只用鹽和胡椒調味，依
個人喜好，白蘭地也可以多放一些。

鴨肉生火腿

• **P.91**

原30% 備5天 點3分

材料（1次的準備量）

鴨里肌肉（1片肉）··············· 400g
鹽 ································· 適量
大蒜 ······························ 適量
黑胡椒 ···························· 適量
芥末醬 ···························· 適量

作法

● **準備**
1在鴨里肌肉的兩面搓揉上大量的鹽，
　上面再搓揉切碎的大蒜，裝入保存容
　器中，放入冷藏庫靜置1天。
2隔天，用流水沖洗掉**1**的鹽和大蒜。
　充分擦乾水分後，用脫水紙確實包
　好，放入冷藏庫鬆弛。脫水紙每天更
　換，5天後即完成。

● **提供**
3將**2**切成約3mm厚共6片。盛入容器
　中，撒上黑胡椒，加上芥末醬。

蕎麥糕

• **P.92**

原30% 點5分

材料（1盤份）

蕎麥粉（粗磨粉）················· 20g
水 ································· 60ml
淋汁 ······························ 100ml
銀杏 ······························ 4個
蟹肉 ······························ 20g
鴨兒芹 ···························· 適量
香橙皮 ···························· 適量
片栗粉水 ·························· 適量

作法

1在鍋裡加入蕎麥粉和水，以中火製作
　蕎麥糕。
2在別的鍋裡放入淋汁、銀杏、蟹肉和
　鴨兒芹莖，以大火加熱。煮沸後轉小
　火，加片栗粉水勾芡。
3在容器中盛入**1**，上面用湯匙淋上
　2。最後，加上鴨兒芹葉和切碎的香
　橙皮。

炸海老芋
→ **P.93**

原30%　點7分

材料（1盤份）

海老芋	2個
淋汁	適量
片栗粉	適量
綿籽油	適量
香橙皮	適量

作法

● 準備

1 去皮海老芋切成一口大小，用水煮熟。煮到用竹籤能刺穿後，用濾網撈起，放入淋汁中以小火約煮20分鐘。

2 將 **1** 放涼至常溫後，裝入保存容器中，放入冷藏庫保存備用。

● 提供

3 在 **2** 上抹上片栗粉，用180℃的綿籽油油炸。

4 在容器中盛入 **3**，最後撒上香橙皮。

> **MEMO**
> 事前仔細準備讓海老芋入味。此外，考慮到酥脆的口感，片栗粉只要薄薄地沾一層即可。

蕎麥屋的雞肉天婦羅
→ **P.94**

原30%　備1小時　點7分

材料（5盤份）

雞柳	300g
沾汁	適量
低筋麵粉	適量
蛋水	適量
綿籽油	適量
抹茶鹽	適量

作法

● 準備

1 將切成一口大小的雞柳，放入沾汁中約醃漬1小時備用。

● 提供

2 蛋水和低筋麵粉以1：0.8的比例混合。

3 將 **1** 沾上 **2**，以170℃的綿籽油油炸。

4 在容器中，1盤份盛入5～6個 **3**，隨附抹茶鹽。

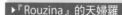

▶『Rouzina』的天婦羅

【 天婦羅麵衣 】
收到點單後，用放在冷藏庫冰涼的蛋水融解低筋麵粉。麵衣調稀一點，讓食材薄薄地沾裹一層。食材沾麵衣時和放入油中時，都要輕輕搖晃，以利均勻地薄裹一層麵衣。

【 炸油 】
和其他炸油相比，使用味道濃厚的綿籽油。每日更換新油。

【 鹽 】
該店的天婦羅是加鹽的風格。為了有更好的融口性，儘量使用細鹽，但是只用鹽，鹹味太重，所以加入抹茶和香橙粉來調和鹹味。

蕎麥麵屋的煮牛腱 enami
→ **P.96**

原31%　備2小時30分　點3分

材料（1盤份）

板蕎麥麵	15g
煮牛腱（冷凍）＊	110g
淋汁	40㎖
蕎麥米	適量
蕎麥芽	適量
蔥白絲	適量

＊煮牛腱

材料（21～22盤份）

牛腱肉	2kg
雞肉	10片份
壽喜燒用的醬料（市售）	600g
紅味噌	60g
大蒜	20g
生薑	20g
高湯（青花魚製柴魚50g、青花魚和宗田鰹魚的混合柴魚100g熱煮過濾而成）	800㎖

作法

● 準備

1 製作煮牛腱。混合所有材料放入壓力鍋中加熱。以小火加壓燉煮1小時45分鐘，熄火後，保持加壓靜置15分鐘備用。

2 打開 **1** 的壓力鍋的蓋子，去除雞皮和上方多餘的油脂。

3 分成1盤份110g（菜料85g、液體份25g），分裝在小容器中，密封冷凍備用。

● 提供

4 板蕎麥麵切成1×2cm寬的大小。比蕎麥麵水煮得更久一點，再清洗。

5 將 **3** 的煮牛腱用微波爐加熱備用。

6 將 **4**、**5** 和淋汁放入小鍋中，加熱。

7 在容器中倒入 **6**，撒上炸過的蕎麥米。裝飾上蕎麥芽和蔥白絲。

> **MEMO**
> 製作大量的煮牛腱，透過冷凍保存，能夠更有效率地商品化。保存時為了容易結塊，加入富含膠原的雞皮。但是雞皮本身味道不佳，所以燉煮後去除。

蕎麥麵屋的炸牡蠣
———————————— • P.97

原 28%　點 3分

材料（1盤份）

牡蠣（業務用已附麵衣）…………… 3個
綿籽油……………………………… 適量
蕎麥麵（生）………………………15g
沾汁………………………………… 適量
片栗粉水…………………………… 適量
水菜………………………………… 適量
鹽…………………………………… 適量
醋橘……………………………… 1/2個

作法

1️⃣ 用140～150℃的綿籽油，油炸沾了麵衣的牡蠣3～4分鐘。慢慢地升高油溫，最後將油溫升至170℃。

2️⃣ 油炸生蕎麥麵。以160～170℃的綿籽油清炸。

3️⃣ 加熱沾汁，加片栗粉水勾芡。

4️⃣ 在容器中盛入2️⃣的油炸蕎麥麵和水菜，將其堆高，再放上1️⃣的牡蠣。牡蠣上淋上3️⃣，在油炸蕎麥麵上撒鹽。加上醋橘。

MEMO

活用蕎麥麵和沾汁，成為蕎麥麵店風格。在油炸蕎麥麵上撒鹽，吃起來更可口。

蕎麥糕鴨肉湯
———————————— • P.98

原 32%　點 5分

材料（1盤份）

鴨胸肉…………………………90～100g
沾汁……………………………… 40mℓ
淋汁……………………………… 20mℓ
蕎麥糕
　⎡ 蕎麥粉（等比例的蒸籠用粉和粗磨粉
　⎢ 混合）………………………… 65g
　⎣ 第二道高湯…………………… 65g
青蔥……………………………… 適量

作法

1️⃣ 鴨肉切得稍厚。油脂部分充分煎烤後，另一側也煎烤一下至上色程度。

2️⃣ 在小鍋裡倒入沾汁和淋汁，加熱。加入1️⃣稍微燉煮至三分熟程度即熄火。

3️⃣ 製作蕎麥糕。在小鍋裡放入蕎麥粉和等量的第二道高湯，在涼的狀態下直接用打蛋器混合。充分混合後，從小火轉中火一面加熱，一面攪拌。用湯匙舀取一口大小，放入水中煮。煮熟浮起後，舀至容器中。

4️⃣ 在3️⃣中淋上2️⃣。撒上青蔥的蔥花。

MEMO

為了和味道濃郁的鴨肉相稱，蕎麥糕中使用粗磨蕎麥粉，用第二道高湯調拌

磯部炸蕎麥糕
———————————— • P.99

原 24%　點 5分

材料（1盤份）

蕎麥糕
　⎡ 蕎麥粉………………………… 65g
　⎣ 第二道高湯…………………… 65g
海苔……………………………… 適量
綿籽油…………………………… 適量
青芥末…………………………… 適量
基本醬汁………………………… 適量
沾汁……………………………… 適量

作法

1️⃣ 製作蕎麥糕。在小鍋裡放入蕎麥粉和等量的第二道高湯，在涼的狀態下直接用打蛋器混合。充分混合後，從小火轉中火一面加熱，一面攪拌。製作比一般的蕎麥糕軟，大致如耳垂般的軟硬度。

2️⃣ 將1️⃣的麵團分3份，用海苔捲包。

3️⃣ 用160℃的綿籽油，將2️⃣約炸1～2分鐘。

4️⃣ 將3️⃣的海苔部分的油擦除，盛入容器中。附上青芥末、蕎麥麵用基本醬汁和沾汁。

MEMO

蕎麥糕容易吸油，若慢慢油炸，會變得太油膩。蕎麥糕本身已是熟的，所以炸至黃褐色立刻撈起。還要擦掉海苔部分多餘的油，感覺較健康。

蕎麥天婦羅

●——————•P.100

原24% 備40分 點3分

材料（1盤份）

蕎麥天婦羅＊	2個
綿籽油	適量
淋汁	適量
青蔥	適量
薑泥	適量

＊蕎麥天婦羅
材料（15個份）

飛魚魚肉	350g
蛋白	3個份
水	160㎖
蕎麥米	40g
蕎麥麵（生）	230g
洋蔥	1個

作法

●準備

1. 打發蛋白製成蛋白霜。加入飛魚肉和水，用食物調理機攪碎。
2. 生蕎麥麵約切成10cm長，用水煮熟。和蕎麥米、切末洋蔥一起加入①中混合。
3. 將②的餡料分成1個40g的小份，成形後冷凍備用。

●提供

4. 用140℃的綿籽油將③油炸近3分鐘，再慢慢升溫，溫度達170℃時撈起。
5. 在容器中盛入④，淋上已加熱的淋汁。裝飾上蔥花，另外附上薑泥。

MEMO

餡料中加入蛋白霜，完成後口感更膨軟。

蕎麥麵屋的新香泡菜

●——————•P.101

原21% 備2天 點30秒

材料（5盤份）

白蘿蔔	2/3條
胡蘿蔔（中）	1條
小黃瓜	3條
鹽	適量
沾汁	適量
柴魚	適量
香橙皮	適量
辣椒	3根
羅臼昆布	適量

作法

●準備

1. 使用白蘿蔔上端粗的部分。去皮，適度修整成形。用鹽揉搓使其出水。使用胡蘿蔔較粗的部分。去皮，適度修整成形。小黃瓜用鹽揉搓出水。
2. 將①的蔬菜類瀝除水分，放入容器中。倒入能蓋過蔬菜的沾汁，如覆蓋整體表面般放上柴魚。撒上香橙皮和剔除種子的辣椒，用羅臼昆布覆蓋整體。用保鮮膜密封，放入冷藏庫約醃漬2天。

●提供

3. 收到點單後，從醃漬液中取出蔬菜類，分別切好，盛入容器中。

MEMO

第2天以後泡在沾汁中直接保存，能保持香味和味道。約可保存1週的時間。

和風醃黃瓜

●——————•P.102

原27% 備3天 點1分

材料（6盤份）

蓮藕	適量
白花菜	適量
胡蘿蔔	適量
白蘿蔔	適量
紅蕪菁	適量
鵪鶉蛋	6個
蘘荷	6個
小黃瓜	適量
彩色甜椒	適量
小番茄	6個
第二道高湯	適量
醃漬液	
┌ 第二道高湯	500㎖
醋	100㎖
鹽	1大匙強
砂糖	4大匙
醋	50㎖
沾汁	50㎖
味醂	50㎖
紅辣椒	1根
生薑（切片）	3片
└ 日高昆布	適量

作法

●準備

1. 蓮藕去皮、切片，用第二道高湯充分燉煮。白花菜、胡蘿蔔、白蘿蔔和紅蕪菁，分別切成適當的大小，用第二道高湯約煮1分鐘。
2. 在小鍋裡放入鵪鶉蛋、1大匙（分量外）的熱水。加蓋，稍微離火，一面搖晃鍋子，一面約加熱1分半鐘。用冷水冷卻後，去殼。
3. 製作醃漬液。將第二道高湯、醋、鹽和砂糖混合加熱，煮沸。熄火，加醋、沾汁、味醂、紅辣椒和生薑。
4. 趁3的醃漬液還是熱的，加入蘘荷。稍微變涼後加入適度切塊的小黃瓜、彩色甜椒、小番茄、1的蔬菜類、2的鵪鶉蛋。完全變涼後，加入日高昆布醃漬。約醃漬3天後開始使用。

●提供

5. 收到點單後，從醃漬液中撈出菜料，盛入容器中。

MEMO

較硬的蔬菜，用高湯煮熟後再放入醃漬液中醃漬，這樣較易入味。蘘荷趁熱醃漬，醃好後顏色才會漂亮。

三種涼拌菜

→ **P.103**

原 24%　備 參照作法　點 1分

■涼拌蕪菁

材料

蕪菁（帶葉的）、第二道高湯、沾汁、鹽、香橙皮⋯⋯⋯⋯各適量

作法

1 將蕪菁的葉子和果實分切開來。
2 果實部分去皮，切塊，用第二道高湯煮得稍硬。
3 葉子部分用沸水燙煮一下。
4 將 **2** 和 **3** 用第二道高湯、沾汁和鹽調味，加入香橙皮醃漬，約醃漬2天後使用。

■涼拌菠菜魩仔魚

材料

菠菜、魩仔魚、沾汁、柴魚⋯⋯⋯各適量

作法

1 菠菜用沸水燙煮一下。
2 在 **1** 中加入魩仔魚，用沾汁調拌。在容器中鋪入柴魚，再盛入涼拌菜。

■涼拌胡蘿蔔

材料

帶葉胡蘿蔔、麻油、沾汁、鹽、白芝麻⋯⋯⋯⋯⋯⋯⋯⋯各適量

作法

1 將胡蘿蔔的葉和果實分切開來。果實去皮，切絲。
2 葉子部分用沸水燙煮一下，煮好後加入切絲胡蘿蔔稍微加熱，一起撈出，泡涼水。
3 將 **2** 用麻油、少量沾汁和少量鹽調味。約靜置半天入味後備用。
4 在容器中盛入 **3** ，撒上白芝麻。

香鬆飯

→ **P.104**

原 27%　點 2分

材料（1盤份）

米飯	140g
魚粉	適量
地海苔	適量
蕎麥米	適量
長蔥	適量
高湯（淋汁）	180㎖
青芥末	適量

作法

1 將米飯盛入容器中，撒上魚粉。如覆蓋米飯般撒上地海苔。撒上蕎麥米，在中央放上長蔥的蔥花。隨附熱高湯和青芥末。

舞茸蕎麥粉天婦羅

→ **P.105**

原 32%　點 5分

材料（1盤份）

舞茸	150g
蕎麥粉	適量
天婦羅麵衣	適量
炸油	適量
蘿蔔泥	適量
醋橘	1/2個
鹽	適量
天婦羅醬汁	適量

作法

1 舞茸用手撕大塊，沾上蕎麥粉。
2 在 **1** 上沾上天婦羅麵衣，用160℃的油油炸。作為表面的那側朝下放入油中，讓溫度慢慢升到170℃為止，充分加熱直到上色。翻面，讓油溫慢慢下降至160℃後撈出。
3 在容器中盛入 **2** ，加上白蘿蔔泥和醋橘。再附上鹽和天婦羅醬汁。

MEMO

防沾粉中活用蕎麥粉。舞茸的細傘褶部分都要確實沾上粉。傘褶部分較難熟，麵衣經常只有炸至半熟，所以用低溫慢慢炸熟。

▶『滿留賀』的天婦羅

【天婦羅麵衣】
以甜點用的低筋麵粉、全蛋和冰水製作。一次少量製作，用完後再補充。一般的天婦羅用時，是用筷子沾取麵衣後，麵衣會滴滴答答滴落的濃度。舞茸用時，則是用會迅速滴落，濃度更稀一點的麵衣。

【炸油】
使用綿籽油和太白麻油，以8:2的比例混成的油。混合油不易形成火燒心，麵衣能炸出酥脆口感，因此選擇這種老少咸宜的配方。

【天婦羅醬汁・鹽】
天婦羅醬汁是淋汁和沾汁，以8:2的比例混合使用。鹽是使用粗鹽。

煮花生

→P.107

原30%　備1小時　點3分

材料（4盤份）

花生（生的）	250g
淋汁	360㎖
黃芥末	適量

作法

● 準備

1 花生去殼，泡水30～40分鐘，撈除浮沫。

2 用淋汁約煮5分鐘，涼至微溫後，裝入保存容器中冷藏保存備用。

● 提供

3 收到點單後，在容器中盛入1盤份60g的2，放上黃芥末。

> **MEMO**
> 煮花生時會浮出許多浮沫，邊煮要邊撈除。

無花果胡麻醋味噌

→P.108

原35%　備30分　點3分

材料（1盤份）

無花果	1個
芝麻醬	適量
醋	適量
沾汁	適量
玉味噌＊	適量
香橙皮	適量

＊玉味噌

材料（1次的準備量）

白味噌	1kg
砂糖	500g
酒	180㎖
味醂	180㎖
沾汁	180㎖

作法

● 準備

1 製作玉味噌。混合所有材料，一面加熱，一面熬煮。涼至微溫後裝入保存容器中，冷藏保存備用。

● 提供

2 無花果去皮，為方便食用分切四半。

3 芝麻醬、醋、沾汁和玉味噌，以2：2：1：1的比例混合。

4 在容器中盛入2，淋上3，撒上香橙皮。

堅果烤味噌

→P.109

原30%　備30分　點5分

材料（6盤份）

堅果類（核桃、腰果、杏仁）	50g
松子	10g
柴魚	5g
長蔥	2/3根
西京味噌	200g

作法

● 準備

1 將堅果類熱炒過，和松子一起用刀大致剁碎。

2 將1、柴魚、切末的長蔥和西京味噌充分混合，裝入保存容器中冷藏保存。

● 提供

3 取1盤份35g的2抹在木匙上，以直火烘烤表面。盛入容器中提供。

> **MEMO**
> 核桃、腰果炒過後使用，能增進香味。大致剁碎，還能增加口感上的重點。

蕪菁沙拉

→ P.110

原30%　點7分

材料（1盤份）

紅蕪菁	40g
鹽昆布	適量
青江菜芽	適量
萵苣	適量
紫高麗	適量
迷你番茄	適量
蔬菜芽	適量
自製法式調味汁	適量
自製美乃滋	少量
芝麻粉	適量

作法

1 紅蕪菁去皮切薄片，放入海水濃度的鹽水中醃漬備用。變軟後泡水，擠乾。

2 將1的紅蕪菁調拌鹽昆布。

3 在容器中放入青江菜芽、萵苣、紫高麗、迷你番茄和蔬菜芽，放上2。淋上加入少量美乃滋的法式調味汁，再撒上芝麻粉。

MEMO

鹽昆布可以改用鹽和鮮味調味料。紅蕪菁也可以改用白蕪菁。基本上是蕪菁和鹽昆布的組合，若不用葉菜，組合鮭魚卵等，也可以變化為精緻小菜。

炸海老芋蟹肉羹

→ P.111

原40%　備3小時　點15分

材料（1盤份）

海老芋	150g
淋汁	適量
片栗粉	適量
玉米油	適量
芡汁	
┌ 淋汁	適量
│ 蟹肉	30g
│ 鴨兒芹	適量
└ 葛粉	適量
青芥末	適量

作法

● 準備

1 海老芋連皮直接水煮，煮到用竹籤能刺穿的軟度為止。從熱水中撈出，涼至微溫後去皮，分切成一口大小。

2 在盛有淋汁的小鍋中放入1，將淋汁煮至滲入其中，熬煮到湯汁收乾為止，熄火。

3 待2涼至微溫後，裝入保存容器中冷藏保存備用。

● 提供

4 在3上沾上片栗粉，用180℃的玉米油油炸。因為海老芋已熟透，所以外衣炸至酥脆即可。

5 製作芡汁。在小鍋裡放入淋汁、弄散的蟹肉和鴨兒芹加熱，用葛粉勾芡。

6 在容器中盛入4，淋上5。在炸芋頭上放上青芥末。

MEMO

海老芋去皮，或是沾裹片栗粉時，都要涼至微溫後再進行。海老芋溫熱時很柔軟，很容易碎裂。

鴨肉丸土瓶蒸

→ P.112

原35%　備40分　點10分

材料（1盤份）

鴨絞肉（腿肉為主）	適量
蛋	適量
片栗粉	適量
濃味醬油	適量
淋汁	適量
長蔥	適量
菇類（金針菇・鴻禧菇）	適量
銀杏	1個
鴨兒芹	適量
香橙皮	適量

作法

● 準備

1 在鴨絞肉中，加入蛋、片栗粉和濃味醬油揉捏混拌。分取1個30g，揉成圓形。

2 在加熱的淋汁中放入1煮熟。涼至微溫後，裝入保存容器中冷藏保存備用。

● 提供

3 收到點單後，在土瓶中放入2的鴨肉丸2個、斜切的長蔥、菇類和銀杏，倒入2的煮汁，開火加熱。煮沸一下後，加入鴨兒芹和香橙皮後提供。

烤煮帶卵香魚

• P.113

原35% 備5小時 點30分

材料（1盤份）

帶卵香魚 ……………………………… 1尾
鹽 ……………………………………… 適量
新薑 …………………………………… 適量
淋汁 …………………………………… 適量
胡椒木芽 ……………………………… 適量
醋栗 …………………………………… 適量

作法

● 準備

1 鹽烤生的帶卵香魚。

2 將**1**放入蒸鍋中蒸2個半～3小時。涼至微溫後，裝入保存容器中冷藏保存備用。

● 提供

3 收到點單後，用淋汁煮**2**的帶卵香魚和切絲新薑。用小火約煮20分鐘，讓魚吸收淋汁。

4 將**3**的帶卵香魚和新薑盛入容器中。裝飾上胡椒木芽和醋栗。

> **MEMO**
>
> 魚烤好後，慢慢燜蒸後再煮，所以整條魚軟爛至魚頭、魚骨都能食用。不論涼的或加熱後都很美味。

油漬牡蠣

• P.114

原40% 備30分 點3分

材料（5盤份）

牡蠣（肉） ………………………… 15個
沾汁 …………………………………… 適量
味醂 ………………………………… 20ml
沙拉油 ………………………………… 適量
蔥白絲 ………………………………… 適量
細香蔥 ………………………………… 適量
粉紅胡椒 ……………………………… 適量

作法

● 準備

1 將牡蠣清洗乾淨，用沾汁燉煮。完全煮熟後，最後加入味醂再略煮一下，使其入味。撈除浮沫，取出瀝除水分。

2 涼至微溫後，將**1**的牡蠣和沙拉油裝入保存容器中，讓牡蠣完全浸漬在沙拉油中備用。冷藏保存一晚後提供。約可保存10天。

● 提供

3 收到點單後，從沙拉油中撈出牡蠣，盛入容器中。加上蔥白絲、細香蔥和粉紅胡椒。

> **MEMO**
>
> 使用沙拉油等完全無異味的油品製作。煮牡蠣時要完全煮熟。油能增加保存性，約可保存1週以上的時間。

牡蠣真薯

• P.115

原40% 備2小時 點20分

材料（7盤份）

牡蠣 ………………………………… 300g
魚漿 ………………………………… 300g
蛋黃油
┌ 蛋黃 …………………………… 1個份
└ 沙拉油 ……………………… 150ml
玉米油 ………………………………… 適量
刺嫩芽（Aralia elata） ……………… 適量
甘露子（Stachys affinis） ………… 適量
醋橘 …………………………………… 適量
鹽 ……………………………………… 適量

作法

● 準備

1 將輕輕洗淨、瀝除水分、切大塊的牡蠣，和魚漿及蛋黃、沙拉油混成的蛋黃油混合。

2 將**1**的魚漿餡料分成1個30g，用保鮮膜包好塑成圓形。

3 將**2**充分蒸透為止。涼至微溫後，裝入保存容器中冷藏保存備用。

● 提供

4 收到點單後，撕除**3**的保鮮膜，放入150～160℃的玉米油中，慢慢油炸約15分鐘。

5 在容器中盛入**4**，加上清炸的刺嫩芽、甘露子、醋橘和鹽。

> **MEMO**
>
> 先蒸一次是為了提高保存性。放入冷藏庫約可保存5～6天。因為牡蠣真薯蒸過後能定形，所以也適合作為火鍋料拿來燉煮等，以油炸以外的方式烹調。油炸時，需以低溫油慢慢油炸，留意勿炸焦。

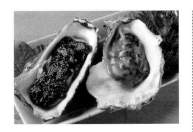

牡蠣田樂燒

→ **P.116**

原40% 備2小時 點20分

材料（1盤份）

牡蠣（帶殼）	2個
田樂味噌（紅・白）＊	各適量
松子、罌粟子	各適量

＊田樂味噌
材料（1次的準備量）
●紅味噌底

京都產櫻味噌	500g
味醂	150㎖
酒	60㎖
砂糖	200g
蛋黃	2個
麻油	少量

●白味噌底

白味噌	500g
味醂	150㎖
酒	100㎖
沾汁	100㎖
砂糖	100g
辣椒粉	少量
香橙碎末	少量

作法

●準備

1 製作田樂味噌。紅味噌底和白味噌底，都各別先一面混合食材，一面用小火熱煮。煮到還保有某程度的柔軟度，大致煮40～50分鐘。白田樂味噌最後才加入辣椒粉和香橙碎末。涼至微溫後，裝入保存容器中冷藏保存備用。

●提供

2 從殼中取出牡蠣洗淨。用微波爐1個約加熱40～50秒，直到裡面變熟。

3 牡蠣放回殼中，塗上**1**的田樂味噌，白味噌口味的撒上松子，紅味噌口味的撒上罌粟子。以烘烤台的上火，或用瓦斯槍炙燒表面。盛入容器後提供。

季節天婦羅

（牡蠣魚白天婦羅）

→ **P.118**

原35% 點30分

材料（1盤份）

牡蠣	1個
魚白	30g
百合根	1個
香菇	1個
蘋果	1/12個
低筋麵粉	適量
天婦羅麵衣	適量
炸油	適量
白蘿蔔泥	適量
薑泥	適量
醋橘	1/2個
天婦羅醬汁	適量
糖粉	適量
肉桂粉	適量

作法

1 分別事先處理好食材。蘋果切稍厚片，疊成千層狀用竹籤串好。

2 分別沾粉，裹上天婦羅麵衣後油炸。基本上，用170～180℃的油炸至裡面熟透。牡蠣使用170～180℃的油油炸。使用能生食的牡蠣，炸至裡面熱透後即撈出，以免過度加熱。以160℃的低溫慢慢油炸百合根3～4分鐘使其熟透。

3 在容器中盛入**2**的天婦羅、醋橘、白蘿蔔泥和薑泥，佐配天婦羅醬汁。蘋果天婦羅撒上糖粉和肉桂粉。

▶『森的』的天婦羅

【天婦羅麵衣】
基本上，收到點單後才製作。用水1ℓ溶解全蛋2個、蛋黃1個份，製成蛋水後冰涼備用。收到點單後，混入低筋麵粉，避免攪入空氣混入如切割般大幅度混拌，這樣才能炸出酥脆的口感。依不同的食材，來調整麵衣的濃度。天婦羅能因應「烤」、「蒸」、「煮」3種烹調法（森野氏）。因此，欲煎烤食材時，麵衣調製得稀薄些；想炊蒸時則調製得濃稠些。順帶一提，欲用來燉煮時，裹麵衣後要用低溫慢慢油炸。

【炸油】
玉米油、太白麻油和薄味麻油，以6：2：2的比例混合。玉米油是以天然的壓縮法精製而成。不油膩卻缺乏鮮味，所以加入太白麻油補充。另外，以薄味麻油補充香味。油炸3～4人份的天婦羅後，過濾一次，之後油炸2～3人份後即更換新油。

【天婦羅醬汁】
在淋汁中加入少量基本醬汁，加熱後使用。

蕎麥粉油炸濃口起司

• **P.121**

原25% 備15分 點3～4分

材料（1盤份）

天然起司（3×5cm）	3片
青紫蘇葉	3片
蕎麥粉麵衣	適量
炸油	適量
牛蒡	1把份
鹽	適量

作法

● **準備**

1 牛蒡斜切薄片，用醋水浸泡去除澀汁。

● **提供**

2 用青紫蘇葉捲包起司，用牙籤固定。

3 在 **2** 上厚裹上蕎麥粉麵衣，用160～180℃的用炸油炸至酥脆。 **a**

4 用160～180℃的炸油，慢慢油炸去除水分，炸至酥脆口感，撒上鹽。

5 在容器中盛入 **3** 和 **4**。

a

MEMO

比起麵粉麵衣，蕎麥粉麵衣油炸時較易散開，所以要充分混合後再使用。

蕎麥粉炸稚雞

• **P.122**

原28% 備1小時 點7～8分

材料（18盤份）

雞腿肉	3kg
醃漬液	
┌蕎麥麵用基本醬汁	360㎖
│濃味醬油	360㎖
│酒	720㎖
│蒜泥	2大匙
└薑泥	2大匙
片栗粉	適量
蕎麥粉麵衣	適量
炸油	適量
沙拉菜	適量
檸檬	適量

作法

● **準備**

1 混合醃漬液的材料，放入切成一口大小的雞腿肉，醃漬1小時。

● **提供**

2 將 **1** 的雞腿肉從醃漬液中撈出，瀝除水分，沾上片栗粉。裹上蕎麥粉麵衣，用130～140℃的低溫油慢慢油炸。後半期稍微升溫，在升至150～160℃時撈出炸雞。

3 在容器中鋪入沙拉菜，盛入 **2**。加上檸檬。

炸山芋

• **P.123**

原20% 備10分 點3～4分

材料（1盤份）

山藥	100g
炸油	適量
鹽	適量

作法

● **準備**

1 山藥去皮，約切成1cm長方的稍厚短棍狀。裝入保存容器中冷藏保存。

● **提供**

2 用170～180℃的炸油清炸 **1**。

3 在容器中盛入 **2**，撒上鹽。

MEMO

山藥可生食，所以周圍炸至呈黃褐色即可，才能保有爽脆的口感。

生豆腐皮春捲

→ P.124

原34%～35%　備30分　點3分

材料（1盤份）

生豆腐皮（20cm×18cm）	1片
蝦仁	3尾
水菜	適量
萵苣	適量
紅葉苗苣	適量
小黃瓜	適量
蘘荷	適量
沙拉菜	適量
調味汁*	適量

*調味汁
材料（1次的準備量）

芝麻調味汁（市售品）	170㎖
沾汁	70㎖
第二道高湯	50㎖
田舍味噌	5g
長蔥蔥花	適量

作法

● 準備

1 製作調味汁。混合所有材料。裝入保存容器中冷藏保存。

2 蝦仁水煮熟。用手將水菜、萵苣和紅葉苗苣撕碎。小黃瓜、蘘荷切絲。分別裝入保存容器中冷藏保存。

● 提供

3 在生豆腐皮上，放上2的餡料，捲成棒狀，切成三等份。

4 在容器中鋪入沙拉菜，放上3。隨附1的調味汁後提供。

> **MEMO**
> 這是活用蕎麥麵店現有食材，避免食材浪費所開發出的料理。還使用蕎麥麵用的沾汁和蕎麥麵用第二道高湯等，以蕎麥麵店風味為號召。

雪煮稚雞

→ P.125

原28%　備1小時　點7～8分

材料（18盤份）

雞腿肉	3kg
醃漬液（參照「蕎麥粉炸稚雞」）	
	全量
片栗粉	適量
炸油	適量
獅子辣椒	2根
白蘿蔔泥	適量
烏龍麵用沾汁	適量

作法

● 準備

1 將雞腿肉切成一口大小，放入醃漬液中醃漬1小時。

● 提供

2 將1的雞腿肉從醃漬液中撈出，瀝除水分後，沾上片栗粉。以140～150℃的低溫油慢慢油炸。

3 清炸獅子辣椒。

4 在容器中盛入2，放上白蘿蔔泥和3。淋上加熱過的烏龍麵用沾汁。

> **MEMO**
> 這道料理和唐揚（炸雞）的食材和醃漬液共通。除了能避免浪費外，同時也能增加菜色。

柳川風牛肉

→ P.126

原30%　備10分　點10分

材料（1盤份）

牛肉壽喜燒的菜料（業務用・含牛肉、洋蔥、蒟蒻絲）	200g
牛蒡片	1把份
烏龍麵用淋汁	適量
蛋	1個
鴨兒芹	適量

作法

● 準備

1 牛蒡片泡醋水去除澀汁。

● 提供

2 在小鍋裡放入1，用烏龍麵用淋汁加熱。煮熟後，加入牛肉壽喜燒的菜料加熱，加蛋黏結。

3 在容器中盛入2，再裝飾上鴨兒芹。

香豬角煮

→ P.127

原60% 備3天 點5分

材料（1盤份）

豬肉角煮＊	5片份
沙拉菜	適量
黃芥末	適量

＊豬肉角煮
材料（70～80片份）

豬腹肉	4kg
豆渣	500g
長蔥頭	3根份
煮汁	
┌ 蕎麥麵用基本醬汁	720㎖
烏龍麵用基本醬汁	720㎖
味醂	1260㎖
酒	360㎖
維士忌	180㎖
黃砂糖粉	340g
└ 生薑	適量

作法

●準備

1 製作豬肉角煮。豬腹肉分切成7根棒狀。豆渣、長蔥頭一起入水煮30～40分鐘，撈出豬腹肉用溫水清洗。

2 將1的豬腹肉涼至微溫後，放入淺鋼盤中，加蓋，放入冷藏庫一晚讓味道穩定。

3 混合煮汁所有材料，開火加熱燉煮13～15分鐘。

4 在淺鋼盤中放入2的豬腹肉，注入煮沸狀態的3，放入蒸鍋中蒸1小時，將豬腹肉翻面再蒸1小時。

5 將浸漬在煮汁中的4直接放涼，涼至微溫後放入冷藏庫一晚，隔天再使用。

●提供

6 收到點單後，5的豬肉角煮和煮汁一起加熱。

7 在容器中鋪入沙拉菜，放上6，再加上黃芥末。

MEMO

採取炊蒸方式烹調比燉煮方式，肉質更柔軟。放涼的過程能夠更入味，所以泡在煮汁中直接放涼。

西京味噌床醃菜

→ P.128

原40% 備3天以上 點5分

材料（1次的準備量）

白蘿蔔	1/2根
胡蘿蔔	1根
小黃瓜	5根
鹽	適量
西京漬床（甘強酒造（株）的本味醂、米味噌、味醂粕、食鹽製作的醃漬床）	
	適量

作法

●準備

1 白蘿蔔去皮，縱向分切四等份。胡蘿蔔去皮，粗的部分縱向切半。

2 用鹽揉搓1和小黃瓜，靜置1小時。用廚用紙巾擦掉多餘的水分。

3 將2放入「西京漬床」中醃漬，放入冷藏庫靜置3天。3天後，取出蔬菜類，裝入保存容器中冷藏保存。

●提供

4 將白蘿蔔、胡蘿蔔和小黃瓜的醃菜，分別切成近2cm寬。容器中各盛入5片後提供。

三種蘑菇天婦羅

→ P.129

原30% 點7～8分

材料（1盤份）

舞茸	60g
大鴻禧菇	40～50g
大珍珠菇	40～50g
天婦羅麵衣	適量
炸油	適量
白蘿蔔泥	適量
天婦羅醬汁	適量

作法

1 舞茸剔除根部，大致撕開。將大鴻禧菇分成1根根的小株。珍珠菇分成2根一組。

2 在1的菇類中分別沾上天婦羅麵衣，用170～180℃的炸油炸1～2分鐘。

3 在容器中盛入2，佐配白蘿蔔泥和天婦羅醬汁。

川越芋天婦羅

→ P.130

[原]40%　[備]2天　[點]5分

材料（1盤份）

地瓜	70g×5片
天婦羅麵衣	適量
炸油	適量
抹茶鹽	適量

作法

● 準備

① 用鋁箔紙包住地瓜，用250℃的烤箱加熱3小時，涼至微溫後放入冷藏庫一晚。

● 提供

② 將①的地瓜一面調整成某厚度，一面切成1片70g。

③ 在②上薄沾上天婦羅麵衣，用150℃的炸油約炸2分鐘。

④ 在容器中盛入③，佐配抹茶鹽。

MEMO

因地瓜有厚度，油炸時很難加熱，所以用低溫慢慢加熱。用鐵籤刺入其中確認溫度後再撈出。

▶『甚五郎』的天婦羅

【天婦羅麵衣】

將天婦羅用麵粉（含蛋成分的業務用）和上新粉，以9：1的比例混合，炸好後，口感較輕盈、酥脆。為了炸好後口感酥脆，水也是使用酸性水。混合時，如同周圍還殘留麵粉般大致混合即可，炸好的麵衣才不會太黏。

【蕎麥麵衣】

將蕎麥粉和水，以1：1.8的比例混合製成天婦羅用麵衣。一面視情況，一面加水調整。調整至稍硬程度，撈起時會滑順迅速滴落的黏度。需留意若麵衣的黏度太低，麵衣會太薄（可能造成麵衣無法沾附的情況）。

【炸油】

將綿籽油、玉米油和米油，以等比例混合。1天更換2次。

【天婦羅醬汁】

使用烏龍麵用沾汁。

蘑菇蕎麥披薩

→ P.132

[原]40%　[備]2小時　[點]20分

材料（1盤份）

蕎麥粉（100%純蕎麥粉）	60g
熱水	30㎖
披薩醬汁＊	2大匙
鹽麴	1小匙
綜合起司	120g
菇類（鴻禧菇、杏鮑菇、香菇、鮑魚菇）	適量

＊披薩醬汁
材料（1次的準備量）

整顆番茄	2250g
洋蔥（切末）	2個
大蒜（切末）	2片

作法

● 準備

① 製作披薩醬汁。在整顆番茄中加入洋蔥、大蒜燉煮。用小火熬煮剩六成為止，熄火，涼至微溫後用食物調理機攪打成糊狀。裝入保存容器中冷藏保存。

● 提供

② 用熱水融解蕎麥粉，攪拌揉成團。揉圓，撒上蕎麥粉（分量外）作為防沾粉，用擀麵棍擀成薄圓片。

③ 在②的蕎麥麵團上，抹上①的披薩醬汁和鹽麴，撒上綜合起司，再放上菇類。

④ 在烤披薩用的石板上放上③，用230℃的烤箱約烤5分鐘。

⑤ 將④分切八等份，盛入容器中。

MEMO

蕎麥麵團能事前製作備用。用熱水和麵，揉圓後，可冷藏保存備用。

鴨肉叉燒
→ P.134

原40%　備2小時　點5分

材料（6盤份）
鴨腿肉‥‥‥‥‥‥‥‥‥‥‥‥6片
水‥‥‥‥‥‥‥‥‥‥‥‥‥‥適量
大蒜‥‥‥‥‥‥‥‥‥‥‥‥‥1瓣
蕎麥麵用基本醬汁‥‥‥‥‥‥適量
水菜‥‥‥‥‥‥‥‥‥‥‥‥‥適量
長蔥‥‥‥‥‥‥‥‥‥‥‥‥‥適量

作法

● 準備
1 用棉線綑綁鴨腿肉，以平底鍋煎烤表面。釋出的油脂保留備用，用於蕎麥麵菜單中。
2 將①的鴨腿肉，和水、大蒜一起放入鍋裡。用70℃的熱水約煮2小時。
3 將②的鴨腿肉，放入蕎麥麵用基本醬汁中約醃漬10分鐘。
4 從基本醬汁中取出鴨腿肉，涼至微溫後，裝入保存容器中冷藏保存備用。

● 提供
5 收到點單後，將④切厚片。邊端部分也能活用於蕎麥麵菜單中，僅使用鴨腿肉的中央部分。表面用平底鍋煎烤。
6 在容器中盛入⑤，裝飾上水菜和斜切片的長蔥，淋上作為調味汁的④的基本醬汁。

> **MEMO**
> 含有鴨肉釋出鴨脂的蕎麥麵用基本醬汁，可活用於蕎麥麵菜單中。鴨腿肉一直浸泡在蕎麥麵用基本醬汁中，味道會變得太濃，所以約浸漬10分鐘即撈出。

鴨里肌肉
→ P.135

原40%　備20分　點5分

材料（3～4盤份）
鴨里肌肉‥‥‥‥‥‥‥‥‥‥1片
沾汁‥‥‥‥‥‥‥‥‥‥‥‥‥適量
水菜‥‥‥‥‥‥‥‥‥‥‥‥‥適量
長蔥‥‥‥‥‥‥‥‥‥‥‥‥‥適量
青芥末‥‥‥‥‥‥‥‥‥‥‥‥適量
蕎麥麵用基本醬汁（「鴨肉叉燒」中，醃漬鴨腿肉的醬汁）‥‥‥‥適量

作法

● 準備
1 鴨里肌肉用平底鍋煎烤油脂部分。
2 在鍋裡倒入沾汁，加熱後煮沸。加入①的鴨里肌肉，以不沸騰的火候約加熱6分鐘。
3 趁熱裝入容器中，用保鮮膜密封。涼至微溫後冷藏保存，自隔天開始使用。

● 提供
4 將③的鴨里肌肉從醃漬液中撈出，斜切成長方形薄片狀。
5 在容器中盛入④，裝飾上水菜和斜切片的長蔥。加上青芥末，淋上蕎麥麵用基本醬汁作為調味汁。

> **MEMO**
> 鴨里肌肉放入沾汁中醃漬，再以低溫加熱，才能完成濕潤、柔軟的肉質。

烤蕎麥糕佐
藍黴起司味噌田樂燒
→ P.136

原35%　備30分　點20分

材料（1盤份）
蕎麥粉‥‥‥‥‥‥‥‥‥‥‥35g
蕎麥糕底料（蕎麥粉和水以1：8的比例
混合）‥‥‥‥‥‥‥‥‥‥120㎖份
綿籽油‥‥‥‥‥‥‥‥‥‥‥2大匙
田樂味噌＊‥‥‥‥‥‥‥‥1.5大匙
藍黴起司‥‥‥‥‥‥‥‥‥‥1小匙
綿籽油（醬汁用）‥‥‥‥‥‥2大匙
沾汁‥‥‥‥‥‥‥‥‥‥‥‥‥少量
蕎麥麵湯‥‥‥‥‥‥‥‥‥‥適量
菠菜‥‥‥‥‥‥‥‥‥‥‥‥‥適量

＊田樂味噌
材料（1次的準備量）
麥味噌‥‥‥‥‥‥‥‥‥‥‥‥1kg
酒（煮過酒精已揮發）‥‥‥‥300㎖
砂糖‥‥‥‥‥‥‥‥‥‥‥‥300g
蛋黃‥‥‥‥‥‥‥‥‥‥‥‥‥5個

作法

● 準備
1 製作田樂味噌。一面加熱麥味噌、酒和砂糖，一面攪拌10分鐘，最後加入蛋黃混合。涼至微溫後，裝入保存容器中冷藏保存。

● 提供
2 用水調勻蕎麥粉製成蕎麥糕底料備用，收到點單後，添加蕎麥粉製成蕎麥麵糊。
3 一面加熱②，一面攪拌。考慮之後的煎烤，麵糊調稀一點。
4 在平底鍋中倒入綿籽油，用大火煎烤③的麵糊，兩面都煎至上色為止。
5 在別的平底鍋中倒入綿籽油，加入田樂味噌和藍黴起司，讓它們在油中融化。用沾汁調味，以蕎麥麵湯調整成恰好的濃度。
6 在容器中盛入④，淋上⑤。裝飾上水煮好的菠菜。

> **MEMO**
> 用水調勻蕎麥粉製成蕎麥糕底料備用，可縮短出菜的速度。麵糊製作得稀一點，再依不同用途加入蕎麥粉來調整濃度。

炸蕎麥糕湯

→ **P.137**

原 30%　點 20分

材料（1盤份）

蕎麥粉··35g
蕎麥糕底料（蕎麥粉和水以1：8的比例
混合）···120ml份
綿籽油··適量
沾汁··適量
水··適量
菠菜··適量
白蘿蔔粗泥··適量
長蔥··適量

作法

1 用水調勻蕎麥粉製成蕎麥糕底料備
用，收到點單後，添加蕎麥粉製成蕎
麥麵糊。

2 一面加熱①，一面攪拌。考慮之後的
油炸作業，麵糊調稀一點。

3 用180℃的綿籽油油炸②。炸到周圍
變硬，呈黃褐色後撈出。

4 沾汁和水以2：1的比例混合，放入小
鍋中加熱。

5 在容器中放入③，倒入④。放上汆燙
好的菠菜、白蘿蔔粗泥和切片長蔥。

MEMO

油炸到蕎麥糕熟透，外側變硬、酥脆
為止。

蘑菇蔬菜天婦羅

→ **P.138**

原 40%　點 20分

材料（1盤份）

香菇··2個
鴻禧菇··適量
鮑魚菇··適量
胡蘿蔔··2片
青椒··1個份
粉豆（醜豆）·····································1根
南瓜··1片
長蔥··2片
天婦羅麵衣··適量
炸油··適量
天婦羅醬汁··適量
岩鹽··適量

作法

1 菇類、蔬菜類分別事先處理好，裹上
天婦羅麵衣，用180℃的炸油油炸。
為避免油溫下降，用大火一面加熱，
一面從較難熟的食材開始放入油炸。
途中從上撒下天婦羅麵衣，讓麵衣呈
開花狀般，完成後外觀更漂亮。

2 在容器中盛入①的天婦羅類。隨附天
婦羅醬汁和岩鹽後提供。

▶『KATSURA』的天婦羅

【天婦羅麵衣】
蛋和水以1個：700～800ml的比例混合，
製成蛋水，融入低筋麵粉。為了活用食材
的味道和色調，調成相當稀軟的薄麵衣。
最後加入2大匙的蘇打水，加入蘇打水能
使麵衣炸得更蓬鬆。
【炸油】
使用綿籽油。
【天婦羅醬汁·鹽】
直接使用沾汁作為天婦羅醬汁。使用粒子
細的岩鹽。

鍬燒雞肉

→ **P.140**

原 30%　點 10分

材料（1盤份）

雞腿肉··150g
長蔥（切成6cm寬）·····················5根
沙拉油··適量
沾汁··90ml
味醂··少量

作法

1 雞腿肉分切大塊。

2 在平底鍋中倒入沙拉油，煎烤①的兩
面。加入長蔥煎烤上色。

3 在②中加入沾汁和味醂略煮，盛入容
器中。

MEMO

活用沾汁作為調味料，能呈現濃厚的
風味。雞肉大致切成1片50g的大
小，分量也用心令人感到飽足。

炸牡蠣
→ **P.141**

原35% 備15分

材料（1盤份）

材料	用量
牡蠣（牡蠣肉）	5個
低筋麵粉	適量
蛋汁	適量
生麵包粉	適量
炸油（玉米油和綿籽油等比例混合，再加入少量豬油）	適量
包心菜	適量
小黃瓜	適量
番茄	適量
醬汁	適量

作法

1 牡蠣放入淡鹽水中浸泡去除髒污，用流水清洗。以廚房紙巾等徹底擦除水分，沾上低筋麵粉，輕拍去除多餘的粉。沾裹蛋汁，再沾上生麵包粉。

2 用170℃的油油炸1。約炸1分半鐘後翻面，再約炸1分鐘後撈起。

3 在容器中盛入2，放上切絲的包心菜，切片的小黃瓜和番茄，再加上醬汁。

MEMO

· 使用可生食的生牡蠣，不可過度加熱。牡蠣易弄髒油，最好使用專用鍋油炸。

· 油炸麵衣上，裏上粗的生麵包粉。生麵包粉容易黏附在食材上，油炸出酥鬆的口感。炸油中加入少量豬油味道更濃郁。

蕎麥涼拌菜
→ **P.142**

原30% 備10分 點5分

材料（1盤份）

材料	用量
蕎麥種子（去殼）	10g
蛤仔	10個
紫色白蘿蔔	50g
鴨兒芹	適量
橙味醬油	適量

作法

● 準備

1 將蕎麥種子放入沸水中約煮3分鐘後備用。蛤仔水煮後取出蛤肉放涼備用。分別裝入保存容器中冷藏保存。

● 提供

2 紫色白蘿蔔去皮磨泥，擠乾水分。鴨兒芹水煮後瀝除水分。

3 混合1和2，調拌橙味醬油，盛入容器中。

MEMO

食材分別事先處理好備用，接到訂單後便迅速出菜。蕎麥種子勿過度水煮，以展現口感。

醋味噌拌橫濱蔥和章魚
→ **P.143**

原35% 備15分 點10分

材料（1盤份）

材料	用量
長蔥	2/3根
水煮後章魚（切片）	7片
生海帶芽	2～3g
玉味噌＊	適量
砂糖	少量
醋	適量

＊玉味噌

材料（1次的準備量）

材料	用量
西京味噌	300g
蛋黃	2個
酒	適量

作法

● 準備

1 製作玉味噌。一面加熱所有材料，一面攪拌混合。放涼後裝入保存容器中冷藏保存。

● 提供

2 使用長蔥的主體蔥綠部分。切適度長度後水煮，過冷水後瀝除水分。

3 製作醋味噌。混合1的玉味噌和砂糖，用醋稀釋。

4 用3的醋味噌調拌2的長蔥、章魚和生海帶芽，盛入容器中。

MEMO

先製作好玉味噌備用，能活用於醋味噌、芝麻味噌涼拌菜等各式料理中。

堅果豆腐拌茼蒿蘑菇

● P.144

原25%　點10分

材料（1盤份）

茼蒿 ·······1/2把
菇類（將舞茸、鴻禧菇等分小株）
·······1把份
胡蘿蔔 ·······適量
木綿豆腐 ·······50g
玉味噌（參照「醋味噌拌橫濱蔥和章魚」）·······2大匙
薄味醬油 ·······1小匙
砂糖 ·······1小匙
芝麻醬 ·······1小匙
杏仁 ·······3顆
腰果 ·······3顆

作法

1. 茼蒿去除根部。菇類分小株。胡蘿蔔去皮切細。
2. 將1的蔬菜類用水汆燙後，過冷水，充分瀝除水分。
3. 木綿豆腐壓碎，和玉味噌、薄味醬油、砂糖和芝麻醬混合。
4. 將2和3混合，加入碾碎的杏仁和腰果調拌。盛入容器中。

MEMO

為避免調拌後料理太濕黏，食材水煮後，需充分去除水分。

豆腐蕪菁羹

● P.145

原25%　備10分　點10分

材料（3盤份）

木綿豆腐 ·······300g
片栗粉 ·······適量
沙拉油 ·······適量
蕪菁 ·······3個
淋汁 ·······適量
味醂 ·······適量
片栗粉水 ·······適量
青蔥蔥花 ·······適量

作法

● 準備

1. 蕪菁去皮切半。一半的量用鹽水煮2～3分鐘，放涼後裝入保存容器中冷藏保存。剩餘的一半也裝入保存容器中冷藏保存。

● 提供

2. 將去除水分的木綿豆腐分切3等份，沾上片栗粉。用抹了沙拉油的平底鍋煎烤，煎至整體都上色。
3. 鹽水煮過的1的蕪菁用平底鍋略煎。將1剩餘一半的蕪菁磨碎。
4. 在小鍋裡放入淋汁加熱，用少量味醂調味。加入3磨碎的蕪菁稍微加熱，用片栗粉水勾芡。
5. 在容器中盛入2的木綿豆腐，和3煎過的蕪菁，淋上4，最後撒上蔥花。

MEMO

活用淋汁作為芡汁的底料。作為菜料的豆腐和蕪菁，用平底鍋煎烤來增加香味和厚味。

魩仔魚天婦羅

● P.146

原35%　點5分

材料（1盤份）

魩仔魚 ·······50g
青紫蘇葉 ·······1片
低筋麵粉 ·······適量
天婦羅麵衣 ·······適量
炸油 ·······適量

作法

1. 魩仔魚薄沾防沾粉，加入天婦羅麵衣充分混合。
2. 在170～180℃的炸油中放入炸籠，倒入1的魩仔魚麵糊。最初用筷子輕輕混拌和穿刺麵糊，讓空氣進入。約炸2分鐘讓它徹底變硬為止。
3. 青紫蘇葉的單面沾上天婦羅麵衣，用175℃油炸一下。
4. 在容器中盛入2和3。

MEMO

加太多天婦羅麵衣，口感會變得厚重。混合天婦羅麵衣和魩仔魚時，最好控制分量混成有乾澀的感覺即可。

▶『蕎樂亭』的天婦羅

【天婦羅麵衣】
低筋麵粉和蛋水，以1:1的比例製作。蛋水是水和全蛋，以500㎖:1個的比例混合。
【炸油】
玉米油和綿籽油以等比例混合使用，能炸出清爽口感。
【天婦羅醬汁】
在淋汁的底料中加入少量沾汁，加熱後使用。

牛蒡天婦羅

→ **P.147**

原30% 備35天 點5分

材料（1盤份）

牛蒡	70g
櫻花蝦	5g
低筋麵粉	適量
天婦羅麵衣	適量
炸油	適量
青紫蘇葉	1片
白蘿蔔泥	適量
天婦羅醬汁	適量

作法

● 準備
1. 牛蒡削薄片，放入水中浸泡約30分鐘，撈出瀝除水分。

● 提供
2. 在①上沾上防沾粉，加入天婦羅麵衣，讓整體裹上麵衣。
3. 在180℃的炸油中放入炸籠，倒入②的牛蒡麵糊。
4. 在櫻花蝦中加入少量天婦羅麵衣混拌。
5. 當③稍微炸硬後，加入④油炸。炸硬後拿掉炸籠，氣泡變細後撈出。油炸時間近2分鐘。
6. 青紫蘇葉的單面沾上天婦羅麵衣，用175℃油炸一下。
7. 在容器中盛入⑤、⑥和白蘿蔔泥，佐配天婦羅醬汁。

MEMO

天婦羅麵衣儘量沾裹得極薄，用高溫一口氣油炸至酥脆的口感。

蒟蒻田樂

→ **P.149**

原33% 備1小時 點3～5分

材料（1盤份）

蒟蒻	1/2個
田樂味噌 *	適量

＊田樂味噌
材料（1次的準備量）
A

白味噌	1kg
蕎麥麵的沾汁	200㎖
第二道高湯	適量
白砂糖	500g
香橙皮	1個份
白芝麻	適量
辣椒粉	2小匙

作法

● 準備
1. 製作田樂味噌。在鍋裡放入A的材料，用木匙一面混合，一面用中火熬煮。
2. 將①置於常溫中放涼，加入切碎的香橙皮、白芝麻和辣椒粉。裝入保存容器中冷藏保存。

● 提供
3. 蒟蒻切成5cm×4cm×1cm的大小，插上竹籤。
4. 在小鍋裡煮沸水，加入③約加熱3分鐘。同時在鋼盆中放入②，隔水加熱。
5. 在容器中盛入④的蒟蒻，淋上已加熱的田樂味噌。

MEMO

加入香橙和辣椒粉，能完成氣味芳香，富辛辣味的田樂味噌。

煮海鰻

→ **P.150**

原41 %～ 47% 備5分 點20 ～ 30分

材料（1盤份）

海鰻	1尾
煮海鰻的煮汁	適量
蕎麥麵淋汁	適量
白砂糖	適量
青紫蘇葉	1片
蔥白絲	適量
山椒粉	適量

煮海鰻的煮汁 ＊
先熬煮蕎麥麵沾汁和白砂糖作為底料，開店之後，加入蕎麥麵淋汁和白砂糖，用來補充煮海鰻所需的煮汁。冷藏保存備用。

作法

● 準備
1. 海鰻開背，剔除內臟、中骨和背鰭，切掉頭剖開。在皮側淋熱水，用刀（或鬃刷）去除黏液，剔除腹鰭，冷藏保存。

● 提供
2. 在鍋裡放入煮海鰻的煮汁、蕎麥麵淋汁和白砂糖，加入能蓋過海鰻的水，開火加熱。
3. 待②煮沸後放入海鰻，加蓋，用小火煮17分鐘。
4. 煮汁熬煮約剩1～2cm後，離火，靜置約5分鐘後使其入味。
5. 在容器中鋪上青紫蘇葉，④的海鰻切半盛盤。裝飾上蔥白絲，淋上④的煮汁，佐配山椒粉。

MEMO

為避免水滾沸溢出，用小火煮海鰻，煮好約靜置5分鐘，一面讓它入味，一面讓它豐盈多汁。

佃煮海鱔肝

→**P.151**

原10% 備20分 點1分

材料（2～3盤份）

海鱔肝·················海鱔20～30條份
蕎麥麵淋汁·······················適量
白砂糖····························適量
山椒·····························適量
青紫蘇葉··························適量
蔥白絲····························適量

作法

● 準備
1 切除海鱔肝邊端，用刀背剔除裡面的污血和魚鰾等。另一側也同樣作業。
2 去除海鱔肝的浮沫和臭味。在鍋裡煮沸水，放入①的海鱔肝，略微水煮後，用濾網撈起。
3 在鍋裡加入②的海鱔肝、蕎麥麵淋汁和白砂糖，煮沸。
4 煮沸後加入山椒，用小火熬煮，以免煮焦。
5 熬煮好後，放入容器中，放入冷藏庫保存。

● 提供
6 收到點單後，在容器中鋪入青紫蘇葉，盛入⑤，再裝飾上蔥白絲後提供。

> **MEMO**
> 加入山椒，能消除海鱔肝的腥臭味。處理海鱔取出肝時，注意勿弄破膽囊。

燙青菜

→**P.152**

原45% 備10分 點6分

材料（1次的準備量）

菠菜·····························5～6把
烏龍麵沾汁·······················適量
柴魚·····························適量
白芝麻粉··························適量

作法

● 準備
1 在鍋裡煮沸水，菠菜從根部開始放入汆燙。
2 將①過冷水，擠乾水分。更換冷水這項作業進行3～4次，以去除澀味。
3 將②切成4cm寬，裝入保存容器中冷藏保存。

● 提供
4 收到訂單後，取1盤份40g，在烏龍麵沾汁浸漬約5分鐘。
5 在容器中盛入④，撒上柴魚和白芝麻粉。

> **MEMO**
> 汆燙好的菠菜過冷水，再擠乾水分，這項作業進行3～4次。每次更換冷水，以去除菠菜的澀汁。

味噌小黃瓜

→**P.153**

原27% 點1分

材料（1盤份）

小黃瓜·····························1根
田樂味噌（參照「蒟蒻田樂」）···適量

作法

1 小黃瓜分3等份，再縱向切開。
2 在容器中盛入①和田樂味噌。

蛋煮豆腐皮

→**P.154**

原50% 點3分

材料（1盤份）

生豆腐皮··························60g
蕎麥麵淋汁·······················200㎖
蛋汁·····························1個份
香橙皮···························1片
珠蔥·····························適量

作法

1 在鍋裡放入生豆腐皮和蕎麥麵淋汁，開火加熱。
2 淋汁煮沸後，倒入蛋汁。蛋煮半熟狀後，離火。
3 在容器中盛入②，裝飾上香橙皮和珠蔥。

> **MEMO**
> 為了讓蛋汁均勻遍布加熱的淋汁中，迅速倒入。蛋煮至半熟狀後，立刻離火。注意勿過度加熱。

小雜煮（Kozuyu）（會津料理）
————————————————————— ▶ **P.155**

原52% 備1天 點2～3分

材料（10～15盤份）

干貝	50g
水	2ℓ
乾香菇	3～4個
芋頭	5個
胡蘿蔔	大1根
粉條	200g
木耳（泡水回軟）	50～60g
竹輪	3條
豆麩	25g
薄味醬油	適量
銀杏（水煮過的）	適量
鴨兒芹	適量

作法

● **準備**

1 在桶鍋中放入干貝和水，干貝從前一天開始泡水，弄碎備用。

2 乾香菇切碎，加入①中。

3 芋頭切成一口大小。胡蘿蔔切扇形片，粉條切成適當的大小。木耳泡水回軟，切成一口大小。

4 在鍋裡放入③汆燙，以去除芋頭的黏滑液和粉條的異味。

5 在②中加入瀝除水分的④，煮沸。加入縱切一半，整齊切成5mm寬的竹輪，加入泡水回軟的豆麩，以薄味醬油調味。

6 將⑤放在常溫中放涼，裝入保存容器中冷藏保存。

● **提供**

7 收到點單後，在小鍋中加熱⑥，盛入容器中，裝飾上水煮好的銀杏和切碎的鴨兒芹。

MEMO

干貝和乾香菇在前一天先泡水回軟，浸泡液作為高湯。為了去除芋頭的黏滑液和粉條的異味，事先充分汆燙。

肉豆腐
————————————————————— ▶ **P.156**

原35% 點5～10分

材料（1盤份）

豬腹肉（切片）	50g
豆腐（切成1.5cm寬）	1/3塊
蕎麥麵淋汁	200㎖
長蔥	切片3片
蛋黃	1個
鴨兒芹	適量

作法

1 在砂鍋裡放入蕎麥麵淋汁，開大火加熱。

2 在煮沸的①中，一片片放入豬腹肉片，撈除浮沫。

3 在②中加豆腐和長蔥燉煮。

4 將砂鍋離火，裝入容器中，裝飾上蛋黃和鴨兒芹。

MEMO

煮豬腹肉時，將浮沫撈除乾淨，淋汁才不會混濁，充分展現湯汁的美味。

燉牛腱
————————————————————— ▶ **P.157**

原30% 備1天 點5分

材料（20盤份）

牛腱肉	3kg
蔥高湯	
┌ 長蔥的蔥綠部分	10～15根
└ 水	4ℓ
第二道高湯	1ℓ
薄味醬油	200～250㎖
珠蔥	適量
炒白芝麻	適量

作法

● **準備**

1 煮蔥高湯。在鍋裡放入撕半的長蔥蔥綠部分和水，開大火加熱。水煮15～20分鐘直到蔥變色為止。

2 在壓力鍋裡放入熱水（分量外，能蓋過牛腱肉的量）和牛腱肉，開大火加熱。水煮10～15分鐘，煮沸浮出浮沫後，倒入濾網中。

3 用流水沖注②，洗去浮沫。

4 撈除牛腱肉的浮沫後，放入洗淨的壓力鍋中。壓力鍋上放上濾網，過濾①的蔥高湯。加水（分量外）直到能蓋過牛腱肉，用大火煮沸。

5 煮沸後轉小火，加蓋燉煮30分鐘。放在常溫中靜置一晚。

6 隔天，剔除浮在表面的油脂膜，倒入桶鍋中。在壓力鍋中倒入第二道高湯，煮融鍋裡殘餘的膠質，加入桶鍋中。用大火煮沸，以薄味醬油調味。

● **提供**

7 用270㎖的湯杓舀取1杓⑥的燉牛腱，放入鍋裡加熱。煮沸後倒入容器中，裝飾上珠蔥和炒白芝麻。

MEMO

蔥高湯是煮到蔥色一變，立刻從熱水中撈起。煮過頭會產生臭味和苦味，這點需留意。牛腱不是從涼水開始煮至沸騰，而是加入煮沸的熱水，燉煮時肉鮮味才不會流失。

天婦羅
（小型蝦二尾・海鱔・蔬菜三種）
————————————————————•P.158

原50%　點6分

材料（1盤份）

小型蝦⋯⋯⋯⋯⋯⋯⋯⋯⋯⋯⋯⋯2尾
海鱔⋯⋯⋯⋯⋯⋯⋯⋯⋯⋯⋯⋯⋯1尾
蔬菜
┌ 舞茸⋯⋯⋯⋯⋯⋯⋯⋯⋯⋯⋯⋯5g
│ 茄子⋯⋯⋯⋯⋯⋯⋯⋯⋯⋯1／8個
└ 獅子辣椒⋯⋯⋯⋯⋯⋯⋯⋯⋯1根
低筋麵粉⋯⋯⋯⋯⋯⋯⋯⋯⋯⋯適量
天婦羅麵衣⋯⋯⋯⋯⋯⋯⋯⋯⋯適量
炸油⋯⋯⋯⋯⋯⋯⋯⋯⋯⋯⋯⋯適量

作法

1 事先分別處理好食材。小型蝦剔除頭和沙腸。剝去身體的殼，去除胸足部分，剪掉尾鰭前端。在腹側3處，用刀切切口，切斷筋。舞茸撕大塊。茄子分切8等份，在皮側劃格子狀切口，以利炸熟。

2 小型蝦在蝦肉上沾上防沾粉，再沾裹天婦羅麵衣4～5次，讓麵衣均勻黏附。拿著蝦尾部分，一面抖落多餘的麵衣，一面側倒迅速放入190℃的油中。以190～200℃的高溫炸至比三分熟略熟。胸足部分沾上防沾粉，用180℃的油清炸。

3 舞茸沾上防沾粉，再沾裹較稀的天婦羅麵衣，用180～190℃的油炸至芳香酥脆。

4 將茄子和獅子辣椒沾上防沾粉，再沾裹較稀的天婦羅麵衣，用170～180℃的油油炸。慢慢油炸至茄子裡面變得軟黏。獅子辣椒麵衣炸熟後即撈起。

5 海鱔在肉肉上沾上防沾粉。再沾裹較濃的天婦羅麵衣，皮側朝下迅速放入180℃的油中。用金筷子一面將肉側彎曲變成內側，一面用190～200℃的高溫，將整體炸成黃金色為止。切半。

6 依照小型蝦、蔬菜和海鱔的順序出菜。

季節天婦羅
（魚白・黃瓜魚・蔬菜三種）
————————————————————•P.160

原45%　點6分

材料（1盤份）

魚白⋯⋯⋯⋯⋯⋯⋯⋯⋯⋯⋯⋯⋯25g
黃瓜魚（Hypomesus nipponensis）
⋯⋯⋯⋯⋯⋯⋯⋯⋯⋯⋯⋯⋯⋯4尾
蔬菜
┌ 南瓜⋯⋯⋯⋯⋯⋯⋯⋯⋯⋯⋯適量
│ 小洋蔥⋯⋯⋯⋯⋯⋯⋯⋯⋯⋯1個
└ 蓮藕⋯⋯⋯⋯⋯⋯⋯⋯⋯⋯⋯適量
低筋麵粉⋯⋯⋯⋯⋯⋯⋯⋯⋯⋯適量
天婦羅麵衣⋯⋯⋯⋯⋯⋯⋯⋯⋯適量
炸油⋯⋯⋯⋯⋯⋯⋯⋯⋯⋯⋯⋯適量

作法

1 事先分別處理好食材。南瓜和蓮藕切成1cm寬的適當大小。小洋蔥去除外皮，切掉邊端。

2 魚白是水分多的食材，所以細褶間也要確實沾上防沾粉。再沾裹較稀的天婦羅麵衣，用比180℃低的油溫油炸，慢慢加熱直到裡面熟透。若用高溫油炸，魚白會裂開，這點請注意。

3 黃瓜魚在腹側沾上防沾粉，以免魚肉裂開。再沾裹較稀的天婦羅麵衣，手拿魚尾部分，抖落背側的麵衣，背側朝下迅速放入180℃的油中，再用180～200℃的高溫炸透魚骨。

4 南瓜和蓮藕沾上防沾粉，再沾裹較稀的天婦羅麵衣，用170～180℃的油油炸。南瓜慢慢炸至散發芳香。蓮藕炸至還保有清脆的口感。

5 小洋蔥泡水，沾上防沾粉，再沾裹較濃的天婦羅麵衣，用170～180℃的油慢慢油炸，以提引出甜味。

6 依照黃瓜魚、蔬菜、魚白的順序出菜。

▶『蕎樂亭』的天婦羅

【天婦羅麵衣】
全蛋和冷水以1個：400ml的比例混合成蛋水，倒入鍋盆中，一面篩入冷藏的冰低筋麵粉，一面混合，勿讓麵衣產生黏性。少量慢慢製作使用，以免麵衣不新鮮。

【炸油】
將油炸後有高雅鮮味的太白麻油和炸出柔軟口感的綿籽油，以等比例混合，再加入增加香味的大香麻油。

【鹽】
天婦羅以餐桌用鹽佐味享用。使用在藻鹽中加入昆布高湯，以平底鍋加熱至水分蒸發，再研磨變細的鹽。

TITLE

精緻創意小菜137品

STAFF

出版	瑞昇文化事業股份有限公司
編著	旭屋出版編輯部
譯者	沙子芳
總編輯	郭湘齡
責任編輯	黃思婷
文字編輯	黃美玉　徐承義　蔣詩綺
美術編輯	陳靜治
排版	執筆者設計工作室
製版	昇昇興業股份有限公司
印刷	皇甫彩藝印刷股份有限公司

法律顧問	經兆國際法律事務所　黃沛聲律師

戶名	瑞昇文化事業股份有限公司
劃撥帳號	19598343
地址	新北市中和區景平路464巷2弄1-4號
電話	(02)2945-3191
傳真	(02)2945-3190
網址	www.rising-books.com.tw
Mail	resing@ms34.hinet.net

初版日期	2017年8月
定價	450元

ORIGINAL JAPANESE EDITION STAFF

デザイン	深谷英和（株式会社 BeHappy）
撮影	後藤弘行　曽我浩一郎（旭屋出版） 佐々木雅久　三佐和隆士　川隅知明 藤田晃史　山北 茜
取材	大畑加代子　駒井麻子　土橋健司
編集	北浦岳朗
印刷・製本	株式会社シナノ

國家圖書館出版品預行編目資料

蕎麥麵店的創新配菜 : 精緻創意小菜137品
/ 旭屋出版編輯部編著 ; 沙子芳譯. -- 初版.
新北市 : 瑞昇文化, 2017.08
208面 ; 19 x 25.7　公分
ISBN 978-986-401-183-4 (平裝)

1.食譜 2.日本

427.131　　　　　　　106009584

SOBAYA NO ATARASHII TSUMAMI 137 SHINA
© ASAHIYA SHUPPAN CO.,LTD. 2016
Originally published in Japan in 2016 by ASAHIYA SHUPPAN CO.,LTD..
Chinese translation rights arranged through DAIKOUSHA INC.,KAWAGOE.